AF643178

Wissenschaftliche Taschenbücher

WTB

Mathematik · Physik

Jörg Donecker

Experimentelle Technik der Festkörperspektroskopie

Akademie-Verlag Berlin

WTB Wissenschaftliche Taschenbucher
MATHEMATIK / PHYSIK
TEXTE UND STUDIEN

Eine Auswahl lieferbarer Bände:

Dietrich Bender / Ernst-Egon Pippig
Einheiten – Maßsysteme – SI

Ernst-Joachim Donth
Glasübergang

Christian Edelmann
Druckmessung und Druckerzeugung

Claus Hamann / Joachim Heim
Hubert Burghardt
Organische Leiter, Halbleiter und Photoleiter

Karl Lanius
Physik der Elementarteilchen

Artur Lösche
Molekülphysik

Joseph Mecke / Dietrich Stoyan
Stochastische Geometrie

Dieter Michel
Grundlagen und Methoden der kernmagnetischen Resonanz

Gernot Neugebauer
Relativistische Thermodynamik

Hans Neumann / Klaus Schäfer
Elektrische und elektronische Meßtechnik

Peter Paufler
Phasendiagramme

Harry Paul
Photonen
Experimente und ihre Deutung

Ulrich Röseberg
Quantenmechanik und Philosophie

Robert Rompe / Hans-Jürgen Treder
Über die Einheit der exakten Wissenschaften

Ernst Schmutzer
Symmetrien und Erhaltungssätze der Physik

Hans-Georg Schöpf
Von Kirchhoff bis Planck

Hubertus Stolz
Supraleitung

Werner Stolz
Meßtechnik ionisierender Strahlung

Werner Stolz / Reinhold Bernhardt
Dosimetrie ionisierender Strahlung

George L. Trigg
Experimente der modernen Physik
Schritte zur Quantenphysik

Gerhard Wunsch
Geschichte der Systemtheorie
Dynamische Systeme und Prozesse

WTB

BAND 287

Jörg Donecker

Experimentelle Technik der Festkörperspektroskopie

Mit 58 Abbildungen und 12 Tabellen

AKADEMIE-VERLAG BERLIN

Reihe MATHEMATIK UND PHYSIK

Herausgeber:
Prof. Dr. phil. habil. W. Holzmüller, Leipzig
Prof. Dr. phil. habil. A. Lösche, Leipzig
Prof. Dr. phil. habil. H. Reichardt, Berlin
Prof. Dr. rer. nat. habil. H.-J. Treder, Caputh

Verfasser:
Dr. rer. nat. Jörg Donecker
Zentrum für wissenschaftlichen Gerätebau
der Akademie der Wissenschaften der DDR, Berlin

ISSN 0084-098X

1985
Erschienen im Akademie-Verlag Berlin,
DDR-1086 Berlin, Leipziger Straße 3—4
© Akademie-Verlag Berlin 1985
Lizenznummer: 202 · 100/422/85
Printed in the German Democratic Republic
Gesamtherstellung: VEB Druckhaus „Maxim Gorki", 7400 Altenburg
Lektor: Dipl.-Phys. Ursula Heilmann
LSV 1164
Bestellnummer: 763 391 3 (7287)
01250

Vorwort

Optisch-spektroskopische Messungen zählen neben Transport- und Strukturuntersuchungen zu den Methoden, die am häufigsten auf Festkörper angewandt werden. Das liegt vor allem an der Vielfalt der Aussagen, die sich optischen Spektren entnehmen lassen, und auch daran, daß optische Methoden sehr anwendungsfreundlich sind. Das Einsatzfeld der Festkörperspektroskopie erstreckt sich deshalb von der Grundlagenforschung bis zum industriell eingesetzten Routineverfahren.

In letzter Zeit hat die Häufigkeit und Vielfalt von unkonventionellen spektroskopischen Meßaufgaben zugenommen, für die Seriengeräte mit hohem Automatisierungsgrad ungeeignet sind. Für solche Messungen werden optische Baugruppen zu Meßplätzen zusammengestellt oder kommerzielle Spektrometer adaptiert.

Mit dem vorliegenden Bändchen soll Bearbeitern eine Hilfe in die Hand gegeben werden, die einen Meßplatz für spektroskopische oder verwandte Aufgaben aufbauen oder anwenden. Beabsichtigt ist, daß der Leser einen Überblick über die gegenwärtigen experimentellen Möglichkeiten und ihre Grundlagen erhält. Die an der Festkörperspektroskopie orientierte Stoffauswahl ist dabei nicht einschneidend, so daß viele Teile dieser Darstellung auch für das spektroskopische Experimentieren in anderen Disziplinen von Nutzen sein können.

Der Umfang des Bändchens macht Einschränkungen des Stoffes unumgänglich. So wird für Spezialgebiete, deren experimentelle Technik in leicht zugänglichen und aktuellen Monographien dargestellt ist, weitgehend auf Quellen verwiesen. Das betrifft die Laser- und Kurzzeitspektroskopie und die speziellen experimentellen Anordnungen mancher Methoden. Bei der Auswahl von Originalveröffentlichungen ist in der Regel auf Erstveröffentlichungen verzichtet worden.

Die Anordnung der Kapitel weicht von der üblichen Betrachtungsrichtung optischer Strahlengänge ab. Die gewählte Reihenfolge ist zwar ebensowenig zwingend, gestattet jedoch, die Erfordernisse beim Strahlungsempfang voranzustellen.

Dem Kreise meiner Fachkollegen möchte ich für Diskussionen, Hinweise und manche Ermunterung danken. Insbesondere bin ich den Herren Prof. G. O. Müller, Dr. V. I. Egorov, Dr. G. Jungk, Dr. J. Kluge, Dr. H. Lange, Dr. W. Neumann, Dr. U. Plauschin, Dr. J. Tilch, Dr. J. Tilgner und Dr. H. Treptow zu Dank verpflichtet. Frau B. Schneider danke ich für ihre Sorgfalt bei der Gestaltung vieler Abbildungen. Den Mitarbeitern des Akademie-Verlags, insbesondere Frau U. Heilmann, danke ich für die entgegenkommende Zusammenarbeit bei der Drucklegung.

Berlin, im Oktober 1984 J. Donecker

Inhaltsverzeichnis

1. Einleitung

1.1. Spektroskopische Meßanordnungen

Wie andere Objekte auch, werden Festkörper häufig mit den Methoden der optischen Spektroskopie untersucht. Neben den universellen Standardmethoden haben sich hierbei methodische Varianten herausgebildet, die an Festkörperprobleme angepaßt sind. Allen Methoden ist gemeinsam, daß die elektromagnetische Strahlung als Sonde genutzt wird. Durch die definierten Energien der Photonen und die spezifischen Auswahlregeln bei ihrer Wechselwirkung mit Kristallen ergeben sich viele Aussagemöglichkeiten. Weiterhin gibt es eine Reihe von Verfahren, die sich der experimentellen Hilfsmittel der Spektroskopie bedienen, um auf optischem Wege Energie zu transportieren (z. B. Laserausheilen, Photoätzen) oder um nichtoptische Größen der Probe zu messen, wie Dicke, Ebenheit oder Temperatur.

Anhand von Abb. 1.1 soll ein Überblick über die Struktur der verschiedenen spektroskopischen Meßanordnungen für Festkörper gegeben werden. Der *Bestrahlungszweig* Q-SA_1-P besteht aus der Strahlungsquelle Q und dem Spektralapparat SA_1. Er bestrahlt die Probe P mit der Wellenlänge λ_1, die der Spektralapparat SA_1 vom Quellenspektrum durchläßt. Die von der Probe P kommende Strahlung wird im optischen *Beobachtungszweig* P-SA_2-E vom Spektralapparat SA_2 spektral zerlegt, und die durchgelassene Wellenlänge λ_2 trifft auf den Empfänger E.

Bei den klassischen Transmissions- und Reflexionsmessungen treten nur die beiden optischen Zweige in der Meßanordnung auf. Im einfachsten Falle setzt sich der Strahlengang des Bestrahlungszweigs durch die Probe hindurch im Beobachtungszweig fort. Da die Photonenenergie von der Probe häufig nicht verändert wird, kann in der Regel auf einen der beiden Spektralapparate verzichtet werden.

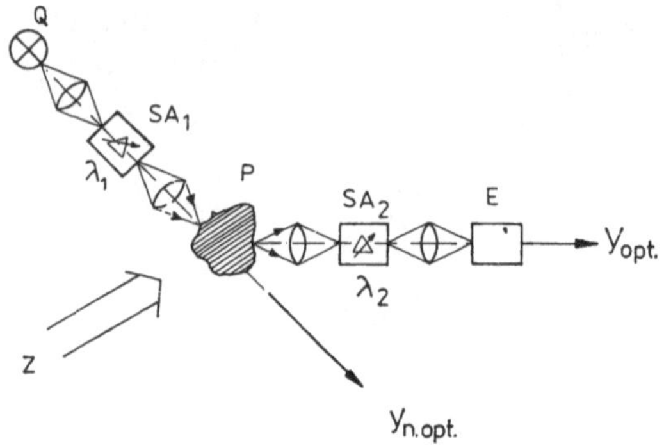

Abb. 1.1. Schema einer spektroskopischen Meßanordnung Q — Quelle; SA_1 — Spektralapparat zur Bestrahlung; P — Probe; SA_2 — Spektralapparat zur Beobachtung; E — Empfänger; Z — zusätzliche Einflüsse, Parameter, Störungen; $Y_{n.opt.}$ — nichtoptisches Ausgangssignal. Bestrahlungszweig: $Q - SA_1 - P$; optischer Beobachtungszweig: $P - SA_2 - E$

Bei Methoden, mit denen inelastische Streuprozesse, wie die RAMAN- und BRILLOUIN-Streuung, untersucht werden, unterscheiden sich λ_1 und λ_2. Meist wird λ_1 konstant gehalten und das Spektrum in Abhängigkeit von λ_2 mit dem optischen Beobachtungszweig aufgenommen. Bei der Photolumineszenz wird die Emissionsintensität der Probe entweder als eine Funktion von λ_2 bei festem λ_1 gemessen und ergibt dann das Lumineszenzspektrum; oder bei fest eingestellter Beobachtungswellenlänge λ_2 wird die Bestrahlungswellenlänge λ_1 durchgestimmt und so das Anregungsspektrum aufgenommen.

Diese Standardmethoden können durch einen Zweig für zusätzliche Eingangsgrößen Z erweitert werden. Solche Einflüsse wie elektrische oder magnetische Felder oder uniaxialer Druck führen zu spezifischen Veränderungen in den Spektren und erhöhen die „Freiheitsgrade“ der experimentellen Befragung. Außerdem bringen sie bei den differenzierend wirkenden Methoden der Modulationsspektroskopie schwache Strukturen in den Spektren zum Vorschein, die sonst der Messung nicht zugänglich sind. Als Spezialfall kann der Zusatzeinfluß Z bei den strahlungsinduzierten optischen Eigenschaften (Doppelanregung, Photomodulation, Zweiphotonenspektroskopie) gleichfalls optischer Natur sein.

Der zusätzliche Zweig Z kann auch die Form einer selbständigen, nichtoptischen Methode annehmen, die durch optische Zweige erweitert wird. Durch diese Methodenkopplungen werden meist sehr spezifische Aussagen gewonnen. Als Beispiele seien angeführt: die Kopplung von Elektronenspinresonanz- und Lumineszenzspektroskopie als ODMR (optically detected magnetic resonance) oder das Abbilden einer Probe über ihre Kathodolumineszenzemission im Rasterelektronenmikroskop.

Wie beim letzten Beispiel kann bei Methoden mit nichtoptischem Eingangs- oder Ausgangszweig auch einer der beiden optischen Zweige entfallen. Das ist häufig bei optischen Beobachtungsmethoden der Fall. Mit ihnen wird das Emissionsspektrum und seine Beeinflussung durch nichtoptische Größen gemessen (z. B. Elektro-, Thermo-, Kathodolumineszenz). Umgekehrt erzeugt bei den reinen Bestrahlungsmethoden die Probe selbst ein nichtoptisches Signal $Y_{n.opt}$, das meist als Anregungsspektrum über λ_1 dargestellt wird (Photoleitung, Photoelektronenemission, Photokapazität, Photo-DLTS, Photo-EPR; photoakustische Spektroskopie usw.).

Über die unmittelbaren spektralen Abhängigkeiten von λ_1 und λ_2 hinausgehend, werden weitere Bestimmungsstücke der Strahlung genutzt, wie der Polarisationszustand oder die Einfalls- und Beobachtungswinkel, z. B. bei der Ellipsometrie, dem Zirkulardichroismus, den Streumethoden und der Erzeugung anisotroper Zentren durch Bestrahlung.

Als häufig wiederkehrende Bestandteile spektroskopischer Meßanordnungen stellen sich anhand dieser Übersicht heraus: Quellen, Spektralapparate und Empfänger. Die Kombination Quelle—Spektralapparat wird im Bestrahlungsteil heute oft durch Laser oder andere intensive monochromatische Quellen ersetzt. Im optischen Beobachtungsteil spielen Multiplexempfangseinrichtungen eine zunehmende Rolle. Die in Abb. 1.1 als Linsen dargestellten Übertragungselemente zwischen den Funktionsgruppen sollen darauf hinweisen, daß auch für die Kopplung optischer Geräte ein beträchtlicher Aufwand erforderlich werden kann, wobei das bezüglich des Lichtleitwerts schwächste Glied der Meßkette deren Leistungsfähigkeit begrenzt.

Die Grundlagen der experimentellen Technik spektroskopischer Meßanordnungen bleiben innerhalb des optischen Spektralbereichs, der in der Mitte des Spektrums der elektromagnetischen Wellen zwischen dem Gebiet der kurzwelligeren Röntgenstrahlen und dem der langwelligeren Radiowellen liegt, weitgehend gleich. Die historischen Unterteilungen innerhalb des optischen Spektralbereichs orientieren sich an den wichtigsten experimentellen Gegebenheiten für verschiedene Disziplinen, wie z. B. der Durchlässigkeit von Materialien oder der biologischen Strahlenwirkung, und können — abgesehen von der Unschärfe der Grenzen — nicht einheitlich sein. Tab. 1.1 gibt eine Übersicht über die in der Physik üblichen Unterteilungen.

Wenn man als experimentell-technisches Kriterium für die Grenze eines Wellenlängenbereichs ansieht, daß ein wichtiger Teil der experimentellen Ausrüstung nicht mehr verwendbar ist oder seine Eigenschaften wesentlich verändert, so läßt sich gegenwärtig für optisch-spektroskopische Meßanordnungen folgende Einteilung treffen:

I. Vakuumultraviolett (VUV): Spezielle Ausführungen von Quellen und von Spektralgeräten; geringe Reflexionsgrade und Fehlen durchlässiger Materialien beschränken Strahlführungsmöglichkeiten und erfordern evakuierbare Lichtwege.

II. Mittleres Ultraviolett bis Nahes Infrarot (MUV — NIR): Glüh- und Gasentladungslampen sind bequem handhabbare Quellen, viele Laserlinien und über kleinere Intervalle durchstimmbare Laser stehen zur Verfügung; Quarz ist durchlässig, viele korrigierte optische Systeme sind käuflich; Gitter- und Prismen-Spektralapparate; Photokathoden ermöglichen SEV-Einsatz bis 1,2 μm, Signalfluktuationsrauschen dominiert an der Nachweisgrenze.

III. Mittleres Infrarot (MIR): Thermische Strahler sind als Quellen brauchbar, einige Laserlinien und in kleinen Intervallen durchstimmbare Laser; durchlässige Materialien existieren, vorwiegend Spiegeloptik zur Strahlführung; Gitter- und Prismengeräte; Hintergrundrauschen bestimmt Nachweisgrenze der besten Empfänger.

IV. Fernes Infrarot (FIR): Molekülgaslaser, bei inkohärenten Quellen Probleme durch geringe Leistungen und kurzwelliges Falschlicht; Spiegeloptik oder Wellenleiter zur Strahlführung; Lichtwege im Vakuum oder in trockenen Gasen; Gittergeräte und Interferometer; Empfänger arbeiten meist thermisch oder als Gleichrichter.

Tabelle 1.1
Einteilung des optischen Spektralbereichs für physikalische Untersuchungen (kursive Bereichsgrenzen bevorzugt)

Bezeichnung	Abkürzung	Wellenlängenbereich	Weitere Einteilungen
Ultraviolett	*UV*	*100*—*380*···400 nm	
Fernes UV	FUV	1···100—200 nm	Vakuum-UV: < 185 nm SCHUMANN-UV: 120—180 nm
Mittleres UV	MUV	200—300 nm	UV-C: 100—280 nm UV-B: 280—315 nm
Nahes UV	NUV	300—400 nm	UV-A: 315—380 nm
Sichtbar	*VIS*	*380*···400—700···*780*···800 nm	
Violett		400—440 nm	
Blau		440—490 nm	
Grün		490—580 nm	
Gelb		580—595 nm	
Orange		595—605 nm	
Rot		605—700 nm	
Infrarot	*IR*	0,7···*0,78*···0,8—*1000* µm	
Nahes IR	NIR	0,7···*0,78*···0,8—*1,5*···2,5 µm	IR-A: 0,78—1,4 µm IR-B: 1,4—3 µm
Mittleres IR	MIR	1,5···*2,5*—25···*40*···50 µm	IR-C: 3 µm—1 mm
Fernes IR	FIR	25···*40*···50—325···333···*1000* µm	

Der Aufwand für die spektroskopische Ausrüstung steigt mit der „Entfernung" vom sichtbaren Gebiet. Innerhalb von einem der Bereiche kann er relativ niedrig gehalten werden, wenn die Ordinate $Y(\lambda)$ des Spektrums nur qualitativ in einem kleinen Wellenlängenintervall erfaßt zu werden braucht; z. B. um die Wellenlängen für charakteristische Strukturen aufzufinden (Positionsspektroskopie). Den Gegenpol bezüglich des Aufwands bilden Messungen, bei denen genaue Absolutwerte strahlungsphysikalischer Größen über ein großes Spektralgebiet festzustellen sind (Radiometrie).

1.2. *Charakterisierung optischer Strahlung*

Die theoretische Vorstellung der ebenen, monochromatischen, total polarisierten Welle läßt sich in der Praxis nur annähernd verwirklichen. Hier wird meist quasi-paralleles Licht mit hohem Polarisationsgrad verwendet, dessen Wellenlängen überwiegend einem schmalen Spektralintervall angehören. Seine Eigenschaften werden durch Ausbreitungsrichtung und Divergenz, Zentralwellenlänge und spektrale Bandbreite, Polarisation und Polarisationsgrad, Kohärenzgrad und Phase und durch die Intensität beschrieben.

1.2.1. *Photonenenergie, Wellenlänge, Wellenzahl*

Als Dimension der Abszisse eines Spektrums kann die Photonenenergie E, die Wellenlänge λ, die Wellenzahl σ oder die Frequenz ν verwendet werden. Die Energie E eines Photons wird nach der EINSTEINschen Beziehung

$$E = h\nu \tag{1.1}$$

durch seine Frequenz ν festgelegt. Während sich ν beim Übergang der Strahlung von einem Medium in ein anderes nicht ändern kann, hängen die Wellenlänge λ_n im Medium und die Phasengeschwindigkeit c_n von der Brechzahl n des Mediums ab:

$$\lambda_n = c_n/\nu. \tag{1.2}$$

Die Angaben der Wellenlängen werden (außer im VUV) auf die Ausbreitung in Luft bei genormten Bedingungen bezogen. Die Brechzahl der Luft [1] muß bei genauen Umrechnungen von Wellenlängen in Frequenzen oder frequenzbezogene Größen (cm^{-1}, eV) berücksichtigt werden. Sie ist im VIS 0,3‰ größer als die des Vakuums und geringfügig λ-abhängig.

Als Maß der Lichtfrequenz ν wird in der Regel die *Wellenzahl* oder *Reziprokwellenlänge*

$$\sigma = 1/\lambda_{\text{Vakuum}} \tag{1.3}$$

verwendet. Sie wird in cm^{-1} angegeben, einer Einheit, die auch als Kayser bezeichnet und mit K nicht SI-gerecht abgekürzt wird. In der Festkörperphysik hat sich das *Elektronenvolt* (eV) eingebürgert, um die Photonenenergie E anzugeben. Mit den Elementarkonstanten ergeben sich die Zahlenwertgleichungen

$$\begin{aligned} E &= (1{,}239852 \pm 3)/\lambda_{\text{Vak}} \\ &= \sigma/(8065{,}48 \pm 2) \end{aligned} \tag{1.4}$$

für E in eV, λ in µm und σ in cm^{-1}. Zum Vergleichen mit thermischen Anregungsenergien der Größe kT kann E auch in Kelvin umgerechnet werden. Die Umrechnungsfaktoren für Einheiten der Photonenenergie findet man in Tab. 8.2 im Anhang.

Für *Spektralintervalle* ergibt sich aus Gl. (1.3) die Beziehung

$$\mathrm{d}\lambda = -\mathrm{d}\sigma/\sigma^2. \tag{1.5}$$

Mit dem Nomogramm (Tab. 8.1) lassen sich die verschiedenen Einheiten der Spektralintervalle ineinander „umrechnen“.

1.2.2. Strahlungsphysikalische Größen

Die Ordinatenwerte $Y(\lambda)$ eines Spektrums werden auf mehr oder weniger komplizierte Weise aus der Intensität des Strahlungsfeldes ermittelt. Die Bezeichnung *Intensität* als Maß der Amplitude einer Lichtwelle ist zwar eindeutig als Betrag des Zeitmittels des Poyntingschen Vektors, also als Energiestromdichte φ, definiert, wird aber im Laborjargon an Stelle nahezu aller strahlungsphysikalischen Größen (Tab. 1.2) verwendet; nämlich bei der Kennzeichnung von Quellen an Stelle von I, L, M; für die Kennzeichnung von empfängerbezogenen Größen an Stelle von E und für die Kennzeichnung des Strahlungsfeldes an Stelle von Φ. Dabei entsteht nur selten Verwirrung, weil häufig nur relative Angaben damit ausgedrückt werden und intuitiv auf gleiche Bedingungen Bezug genommen wird.

Unter *spektralen* Strahlungsgrößen versteht man die Differentialquotienten der Strahlungsgrößen, deren Symbole dann mit dem Index λ bzw. σ gekennzeichnet werden. Beispielsweise ist

$$\Phi_\lambda = \mathrm{d}\Phi/\mathrm{d}\lambda \tag{1.6}$$

Tabelle 1.2
Strahlungsphysikalische Größen

Größe	Definition	Einheit
Strahlungsfluß Strahlungsleistung	Φ	W
Strahlungsflußdichte	$\varphi = \mathrm{d}\Phi/\mathrm{d}A_{\perp}$	$\mathrm{W\,m^{-2}}$
Spezifische Ausstrahlung	$M = \mathrm{d}\Phi/\mathrm{d}A_1$	$\mathrm{W\,m^{-2}}$
Strahlstärke	$I = \mathrm{d}\Phi/\mathrm{d}\Omega$	$\mathrm{W\,sr^{-1}}$
Strahldichte	$L = \mathrm{d}^2\Phi/(\mathrm{d}A_1 \cos \varepsilon_1 \,\mathrm{d}\Omega)$	$\mathrm{W\,sr^{-1}\,m^{-2}}$
Bestrahlungsstärke	$E = \mathrm{d}\Phi/\mathrm{d}A_2$	$\mathrm{W\,m^{-2}}$
Bestrahlung	$H = \int E\,\mathrm{d}t$	$\mathrm{Ws\,m^{-2}}$

$\mathrm{d}A_{\perp}$ — Flächenelement senkrecht zur Ausbreitungsrichtung; $\mathrm{d}A_1$ — Flächenelement der Quelle; $\mathrm{d}A_2$ — Flächenelement des Empfängers; ε_1 — Austrittswinkel der Strahlung

der spektrale Strahlungsfluß, in dessen Dimension $\mathrm{W\,nm^{-1}}$ die Einheit des Spektralintervalls aufgenommen ist.

Für Quantenphänomene interessiert an Stelle der Leistungsangabe in Watt die *Photonenrate* N als Photonenzahl pro Sekunde. Für monochromatisches Licht mit der Wellenlänge λ besteht zwischen dem Strahlungsfluß Φ und der Photonenrate N der Zusammenhang

$$N = \Phi/h\nu \tag{1.7}$$

bzw.

$$N = 5{,}034 \cdot 10^{18}\, \Phi \cdot \lambda$$

mit N in Photonen/s, Φ in W, λ in µm. Bei einem Strahlungsfluß von 1 mW grünem Lichts treffen also pro Sekunde $2 \cdot 10^{15}$ Photonen auf.

Die *lichttechnischen Größen* gehen aus den strahlungsphysikalischen dadurch hervor, daß anstatt der Energie der Strahlung ihre Wirkung auf das helladaptierte Auge bewertet wird [Z 1]. Ein Lichtstrom von 1 Lumen besteht im Grünen aus $4 \cdot 10^{15}$ Quanten/s.

2. Empfänger [Z 1 – Z 4]

Die überwiegende Zahl der heute in der Spektroskopie verwendeten Empfänger beruht auf den photoelektrischen Effekten. Die *photoelektrischen Empfänger* oder *Quantendetektoren* sind selektive Empfänger. Sie arbeiten nur in einem relativ kleinen Spektralbereich optimal, der ungefähr zwei Oktaven umfaßt und meist an der langwelligen Seite bei einer Grenzwellenlänge λ_{max} abrupt endet. Im Gegensatz dazu können *thermische Empfänger* über den gesamten optischen Spektralbereich mit nahezu konstanter leistungsbezogener Empfindlichkeit $S_\Phi(\lambda)$ hergestellt werden. Ihr Nachweisvermögen ist allerdings schlechter als das ausgereifter photoelektrischer Empfänger.

Außer diesen beiden Hauptgruppen gibt es eine Vielzahl von Empfängern, die an spezielle Spektralgebiete oder Aufgaben angepaßt sind. Auch Festkörperproben, an denen durch Bestrahlung ein Signal erzeugt wird, sind als Strahlungsempfänger anzusehen. In jüngster Zeit haben sich ortsauflösende Empfänger in der Spektroskopie eingebürgert. Sie bestehen aus vielen Einzelempfängern, die integriert in Zeilen oder Matrizen hergestellt werden und die gleichzeitige Messung in vielen Spektralkanälen gestatten, wenn sie mit einem räumlich aufgefächerten Spektrum bestrahlt werden.

2.1. Kenngrößen

Das Ausgangssignal I des Empfängers pro Einheit X der einfallenden Strahlung wird als *Empfindlichkeit* $S = I/X$ bezeichnet. Ohne Einschränkung der Allgemeingültigkeit wird im folgenden angenommen, daß das Ausgangssignal als Strom I vorliegt. Je nachdem, welche spektrale Verteilung für die einfallende Strahlung zugrundegelegt wird und in welcher Größe sie gemessen wird, ergeben sich verschiedene Empfindlichkeitsangaben. Wird quasi-monochromatische Strahlung mit einer spektralen Breite $\Delta\lambda$ benutzt, so läßt sich die Strahlungsleistung als $\Phi_\lambda(\lambda)\,\Delta\lambda$ in W angeben, die Bestrahlungsstärke $E_\lambda(\lambda)\,\Delta\lambda$ in W cm^{-2} oder die Photonenrate $N_\lambda(\lambda)\,\Delta\lambda$ in s^{-1}. Der erzeugte Empfängerstrom $I_\lambda(\lambda)\,\Delta\lambda = S_\Phi(\lambda)\,\Phi_\lambda(\lambda)\,\Delta\lambda$ ist dann z. B. mit der Strahlungsleistung durch die *strahlungsleistungsbezogene spektrale Stromempfindlichkeit*

$$S_\Phi(\lambda) = I_\lambda/\Phi_\lambda \tag{2.1}$$

verknüpft, die in A/W gemessen wird. Mitunter wird anstatt der spektral aufgelösten Funktion $S(\lambda)$ ein integraler Einzelwert der Empfindlichkeit für eine genormte Bestrahlungsspektralverteilung angegeben, wobei für S an Stelle von I_λ/Φ_λ der Quotient der entsprechenden Integrale verwendet wird. Bei IR-Empfängern wird oft S (500 K) in A/W angegeben, die integrale Empfindlichkeit bei Bestrahlung mit einem schwarzen Strahler mit $T = 500$ K. Für Empfänger im VIS wird die Normlichtart A verwendet, wodurch sich die Empfindlichkeit in A/lm ergibt. Die Umrechnung verschiedener Empfindlichkeitsangaben ist meist möglich, wenn der typspezifische relative Spektralverlauf $S(\lambda)$ bekannt ist [2].

Der durch die Empfindlichkeit gegebene Wert des Ausgangsstroms kann — eine rauscharme Verstärkung vorausgesetzt — nur dann nachgewiesen werden, wenn er nicht vom *Rauschen* am Empfängerausgang überdeckt wird. Selbst mit einem idealen Empfänger kann eine konstante Strahlungsleistung nicht beliebig genau gemessen werden. Wie in Abb. 2.1 schematisch dargestellt, schwankt der Ausgangsstrom $I_S(t)$ statistisch um den Mittelwert

$$\bar{I}_S = T^{-1} \int_0^T I_S(t)\, dt. \tag{2.2}$$

Die Standardabweichung

$$\bar{I}_R = \left[T^{-1} \int_0^T (I_S(t) - \bar{I}_S)^2\, dt \right]^{1/2} \tag{2.3}$$

gibt die Größe des Rauschens an. Als *Signal-Rausch-Verhältnis* wird das Stromverhältnis $\bar{I}_S/\bar{I}_R$ bezeichnet. Bei Spannungsmessung am Empfängerausgang ergibt sich der gleiche Wert aus $\bar{U}_S/\bar{U}_R$,

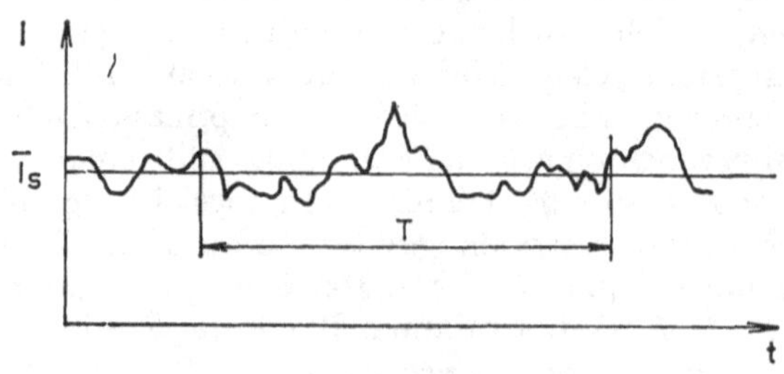

Abb. 2.1. Zeitabhängiger Verlauf des Ausgangsstroms I eines Empfängers

nicht aber für das Leistungsverhältnis $\bar{I}_S^2/\bar{I}_R^2$, das in der nachrichtentechnisch orientierten Literatur häufiger verwendet wird. Zur Charakterisierung von UV/VIS-Empfängern wird meist die *Rauschäquivalentleistung* (noise equivalent power, NEP) angegeben. Sie ist definiert als diejenige mittlere Strahlungsleistung, bei der das Signal-Rausch-Verhältnis den Wert 1 annimmt. Diese Angabe ist nur dann aussagekräftig, wenn die rauschwirksamen Meßbedingungen (z. B. Bandbreite bzw. Zeitkonstante, Wellenlänge, Empfängerfläche, Modulationsfrequenz, Öffnungswinkel) spezifiziert sind. Praktisch läßt sich das Vorhandensein einer Strahlungsleistung von der Größe der NEP nicht innerhalb der Meßzeit T bestätigen. Damit aus einem Ausschlag in der Meßkurve mit einer Wahrscheinlichkeit von 99% auf das Vorhandensein von Strahlung geschlossen werden kann, benötigt man nach der Wahrscheinlichkeitstheorie ein Signal-Rausch-Verhältnis $\bar{I}_S/\bar{I}_R = 4{,}6$, also rund die fünffache NEP.

Die *rauschäquivalente Quantenrate* (NEQ) gibt die Photonenrate für $\bar{I}_S/\bar{I}_R = 1$ an. Das *Nachweisvermögen* (Detektivität) D ist der Kehrwert der NEP:

$$D = (\mathrm{NEP})^{-1}. \tag{2.4}$$

Bei IR-Empfängern ist es üblich, anstatt der obigen Größen

$$D^* = (A \cdot B)^{1/2}/\mathrm{NEP} \tag{2.5}$$

(gesprochen D Stern) und

$$D^{**} = D^* \sin u \tag{2.6}$$

(D Doppelstern) anzugeben, wobei A die Empfängerfläche, B die Bandbreite und u der Öffnungshalbwinkel sind. Die in diese Definitionen eingebrachten Abhängigkeiten entstammen ihrem Einfluß auf das Rauschen (s. 2.2.).

Das *Zeitverhalten* von Empfängern ist weitgehend demjenigen eines Tiefpasses analog. In Abb. 2.2 liefert eine Photostromquelle einen Strom $I(t) = S\Phi(t)$ in das Netzwerk, wenn sie mit der zeitabhängigen Strahlungsleistung $\Phi(t)$ beleuchtet wird. R und C können sowohl dem Empfänger selbst als auch der

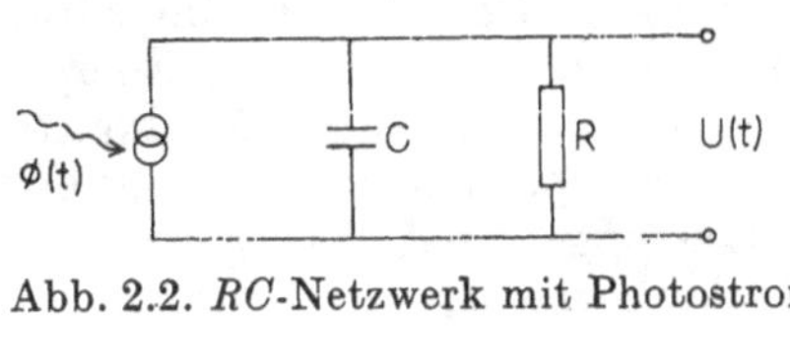

Abb. 2.2. *RC*-Netzwerk mit Photostromquelle

äußeren Beschaltung angehören. Für jeden Zeitpunkt muß die Bilanzgleichung für die Ströme

$$S\Phi(t) = C\,\mathrm{d}U/\mathrm{d}t + R^{-1}\,U(t) \tag{2.7}$$

erfüllt sein. Wenn zum Zeitpunkt $t = 0$ eine konstante Strahlungsleistung Φ_0 eingeschaltet wird, liefert die Differentialgleichung die Lösung

$$U(t) = S\Phi_0 R\,[1 - \exp(-t/RC)]; \tag{2.8}$$

$U(t)$ steigt exponentiell bis zum Endwert $S\Phi_0 R$ an. Die Einstellgeschwindigkeit wird durch die *Zeitkonstante* $\tau = RC$ charakterisiert. Nach Ablauf von τ ist der Endwert bis auf einen Rest von 37% erreicht; nach $t = 4{,}6\,\tau$ fehlt nur noch 1%.

Wird $\Phi(t)$ mit der Frequenz f moduliert, so tritt diese Modulation auch in $U(t)$ oder im Strom durch R auf. Die Amplitude des Ausgangssignals $U_0(f)$ bei der Frequenz f verhält sich zur Gleichlichtamplitude $U_0(0)$ wie

$$U_0(f)/U_0(0) = [1 + (2\pi f\tau)^2]^{-1/2}. \tag{2.9}$$

Bei hohen Frequenzen ($f \gg 1/\tau$) fällt also die Amplitude proportional zu f^{-1}. Zwischen der Bandbreite B, gemessen bei 3 db Abfall, und der Zeitkonstanten τ besteht die Beziehung

$$B = (2\tau)^{-1}. \tag{2.10}$$

Trifft ein Lichtimpuls auf den Empfänger, dessen Zeitdauer t_0 klein gegen die Zeitkonstante τ ist, so ergibt sich aus Gl. (2.7)

$$U(t_0) = SC^{-1}\int_0^{t_0} \Phi(t)\,\mathrm{d}t. \tag{2.11}$$

Die Ausgangsspannung zum Zeitpunkt t_0 ist nicht durch die Strahlungsleistung Φ, sondern durch ihr Zeitintegral, die Strahlungsmenge oder -energie, gegeben und klingt danach mit τ ab. Durch Auslegung der Nachfolgeelektronik oder größere Parallelkapazitäten lassen sich Empfänger, die üblicherweise als Leistungsempfänger benutzt werden, zur Energiemessung einsetzen, falls Dunkelströme etc. einer Zeitkonstantenvergrößerung nicht im Wege stehen. Aus dieser Sicht besteht der Unterschied zwischen Leistungs- und Energieempfängern im Größenverhältnis von Lichteinwirkungszeit t_0 und Zeitkonstante

τ des Empfangssystems, kennzeichnet also mehr die Betriebsweise des Empfängers als den Empfänger selbst.

Das Ersatzschaltbild in Abb. 2.2 läßt sich von den Photoemissionsempfängern auch auf andere Empfängertypen phänomenologisch übertragen. Bei Photowiderständen wird die Zeitkonstante in der Regel nicht durch die äußere Beschaltung, sondern durch die Lebensdauer der Ladungsträger bestimmt; bei thermischen Empfängern durch das Verhältnis der Wärmekapazität zum Wärmeleitwert.

Weitere Kenngrößen von Empfängern, die leider oft nicht spezifiziert werden, sind Linearität, Dynamikbereich und Überlastungsgrenze. Lineares Verhalten ($\leqq 1\%$ Abweichung) kann mindestens bis zu 10^4NEP erwartet werden.

2.2. *Grenzen des Strahlungsnachweises*

Wir beschränken uns auf die idealisierte Behandlung wichtiger Rauschmechanismen und sehen dabei von Rauschquellen in der Nachfolgeelektronik ab. Eine Photokathode soll bei Lichteinfall Elektronen ins Vakuum emittieren (s. 2.3.1.). Der mittlere Signalstrom

$$\bar{I}_S = e\,\eta(\lambda)\,\bar{N}_S \tag{2.12}$$

ergibt sich aus der Elementarladung e, dem äußeren Quantenwirkungsgrad η der Kathode und der mittleren Signal-Photonenrate $\bar{N}_S$. Der dominierende Rauschprozeß soll darin bestehen, daß der Signalstrom $\bar{I}_S$ auf Grund der statistischen Aufeinanderfolge der eintreffenden Photonen und der ausgelösten Elektronen schwankt. Das ist der *Signalfluktuationsgrenzfall.* Die Schwankungserscheinungen lassen sich durch eine POISSON-Verteilung gut wiedergeben, wenn die Korrelation zwischen den Photonen vernachlässigt wird. Innerhalb der Meßzeit T, die wir der Zeitkonstanten τ des Empfängersystems gleichsetzen, werden $\eta\bar{N}\tau$ Elektronen mit einer Standardabweichung von $(\eta\bar{N}\tau)^{1/2}$ gemessen. Mit Gl. (2.10) und $\bar{\Phi}_S = h\nu \cdot \bar{N}_S$ ergibt sich für das Signal-Rausch-Verhältnis

$$\bar{I}_S/\bar{I}_R = \left(\frac{\eta(\lambda)\,\bar{N}_S}{2\,B}\right)^{1/2} = \left(\frac{\lambda\eta(\lambda)\,\bar{\Phi}_S}{2\,Bhc}\right)^{1/2}. \tag{2.13}$$

Im Signalfluktuationsfall ist also das Signal-Rausch-Verhältnis zur Wurzel aus der Photonenrate oder aus dem Strahlungsfluß und aus der reziproken Bandbreite proportional. Die Rauschäquivalentleistung bei $\bar{I}_S/\bar{I}_R = 1$ ergibt sich daraus zu

$$\mathrm{NEP}\,(\lambda) = 2\,h\nu B/\eta(\lambda) \tag{2.14}$$

und die rauschäquivalente Quantenrate zu

$$\mathrm{NEQ}\,(\lambda) = 2B/\eta(\lambda). \tag{2.15}$$

Zum gesicherten Nachweis ($\bar{I}_S/\bar{I}_R \approx 4{,}6$) bei 1 Hz Bandbreite und einer Quantenausbeute von 20% müssen demnach mindestens 200 Photonen/s einfallen.

Die Abhängigkeiten verändern sich drastisch, wenn das dominierende Rauschen nicht von der Photonenstatistik des Signals herrührt, z. B. wenn von der Umgebung der Signalquelle mehr Photonen auf einen IR-Empfänger entsandt werden als von ihr selbst. Bei einer dominierenden Photonenrate $\bar{N}_H(\lambda_H)$, die von einem mit der Wellenlänge λ_H strahlenden Hintergrund stammt, ergibt sich in Analogie zur vorangehenden Ableitung

$$\bar{I}_S/\bar{I}_R = \eta(\lambda_S)\,\bar{N}_S[2B\,\eta(\lambda_H)\,\bar{N}_H]^{-1/2}. \tag{2.16}$$

Das Signal-Rausch-Verhältnis ist nunmehr proportional zur Signalphotonenrate $\bar{N}_S$. Vorteilhaft wird es offensichtlich, wenn die Spektralcharakteristik des Empfängers möglichst gut an die Signalwellenlänge λ_S angepaßt und die Hintergrundwellenlänge λ_H möglichst niedrig bewertet wird.

Die Rate der Hintergrundphotonen ergibt sich nach (3.7) aus der Strahldichte des Hintergrunds und dem Lichtleitwert. Außerdem geht noch das Transmissionsvermögen $\tau(\lambda)$ zwischen Hintergrund und Empfänger ein. Eine Abkühlung des thermisch strahlenden Hintergrunds bringt eine beträchtliche Reduktion von $\bar{N}_H(\lambda_H)$, ist jedoch selten realisierbar. Der Transmissionsgrad $\tau(\lambda)$ kann mit Filtern zwar eingeschränkt werden, jedoch muß ein absorbierendes Filter kälter sein als der Hintergrund, weil es sonst ebenso emittiert. Der Lichtleitwert ist nach Gl. (3.10) durch die Empfängerfläche A und den erfaßten Raumwinkel Ω festgelegt. Eine Blende zur Winkeleinschränkung muß ebenfalls wieder gekühlt sein oder Bereiche reflektieren, die kälter als der Hintergrund sind. Das bereitet keine Schwierigkeiten, wenn sie an einem ohnehin gekühlten Empfänger angebracht werden kann. Sonst ist es einfacher, die Empfängerfläche so klein wie möglich zu wählen. Die untere Grenze für die Empfängerfläche ergibt sich aus der Invarianz des Lichtleitwerts, aus der sich umgekehrt auch die Anforderungen an das optische

System bei vorgegebener Empfängerfläche ableiten. Domlinsen aus hochbrechendem Material gestatten nach Gl. (3.9), die Empfängerfläche zu reduzieren [3]. Da das Signal-Rausch-Verhältnis in Gl. (2.16) zu $A^{1/2}$ und $\Omega^{1/2}$ proportional ist, erklärten sich die Definitionen von D^* und D^{**} (Gln. (2.5), (2.6)) als sinnvoll für den Vergleich des Leistungsvermögens von Empfängern mit dominierendem Hintergrundrauschen. Der Faktor $\sin u$ in D^{**} Gl. (2.6) rührt vom LAMBERT-Gesetz her.

In Abb. 2.9 sind $D^*(\lambda)$-Kurven einiger IR-Empfänger für einen Zimmertemperaturhintergrund und typische Öffnungswinkel wiedergegeben. Die Einzelkurven zeigen den Anstieg mit λ infolge der besseren Ausnutzung der Photonenenergie und den abrupten Abfall nach dem Maximum bei der Grenzwellenlänge λ_{max}. Bei kälterem Hintergrund werden bessere D^*-Werte erreicht. Die gestrichelte Kurve verbindet berechnete Werte für die D^*-Maxima idealer Photoelemente ($\eta = 1$ für $\lambda \leqq \lambda_{max}$). Die niedrigen Maximawerte um 14 μm kommen durch das dort liegende Strahldichtemaximum eines 300 K-Hintergrunds zustande. Im Gebiet zwischen 1 und 3 μm wird $\overline{N}_H$ bei 300 K so gering, daß bei guten Empfängern das Signalfluktuationsrauschen überwiegt. D^* ist dann zur Charakterisierung der Nachweisgrenze nicht mehr brauchbar.

Eine proportionale Abhängigkeit zwischen $\overline{I}_S/\overline{I}_R$ und $\overline{N}_S$ ergibt sich offensichtlich nicht nur für dominierendes Hintergrundrauschen, sondern immer dann, wenn der Rauschvorgang von dem Signalphotonenstrom unabhängig ist. Das ist beim Generations-Rekombinations-Rauschen in Photowiderständen oder beim Dunkelstromrauschen der Fall.

Das Signal-Rausch-Verhältnis vieler Empfänger läßt sich durch Kühlen verbessern, wenn das dominierende Rauschen durch thermisch bedingte Fluktuationsprozesse im Empfänger hervorgerufen wird. Dabei ändern sich meist die spektrale Empfindlichkeit sowie die Zeitkonstante und das Rauschspektrum. Auch durch die Frequenz f, mit der die Strahlung moduliert werden kann, läßt sich das Nachweisvermögen beeinflussen, da außer den behandelten Rauschprozessen noch weitere innerhalb des Empfängers und der Verstärker auftreten, die meist bei niedrigen Frequenzen stärker wirken (*Flickerrauschen*). Experimentell findet man bei einem großen Strahlungsfluß, daß ein Flickerrauschen die an der Strahlungsnachweisgrenze dominanten Rauschprozesse überwiegt. Das Rauschen ist dem Signal proportional und zeigt im groben ein 1/*f*-Verhalten mit überlagerten Resonanzpeaks. Meist stammt es von Fluktuationserscheinungen in den Lichtquellen und dem Lichtweg oder von Mikrophonieeffekten. Aus den drei behandelten Rauschgesetzen ergibt sich der schematisierte Verlauf des Signal-Rausch-Verhältnisses in Abb. 2.3. Extrapolationen von $\bar{I}_S/\bar{I}_R$ sind nur innerhalb der (meist unbekannten) Grenzen eines Rauschgesetzes möglich. Durch Verändern rauschwirksamer Parameter (z. B. Bandbreite, Wellenlänge, Öffnungswinkel) kann man von einer Abhängigkeit in die andere geraten.

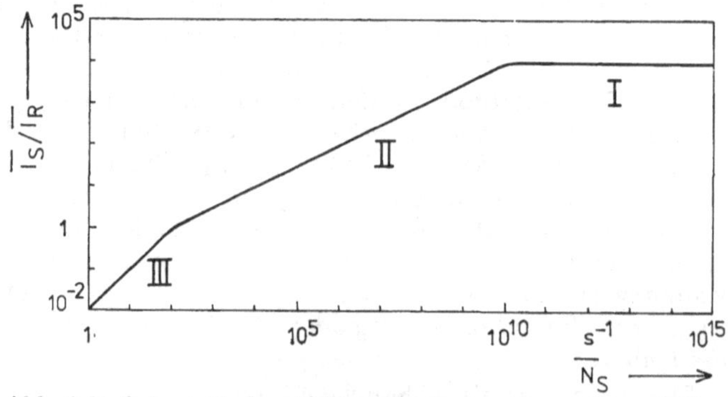

Abb. 2.3. Schematische Abhängigkeit des Signal-Rausch-Verhältnisses $\bar{I}_S/\bar{I}_R$ von der empfangenen Strahlungsleistung in einer spektroskopischen Meßanordnung. I — Flickerrauschen (der Quelle); II — Signalfluktuationsrauschen; III — z. B. Dunkelstromrauschen, Hintergrundrauschen

Bei thermischen Empfängern werden die erzielbaren D^*-Werte durch die Temperaturschwankungen hervorgerufen, die durch die statistische Emission von Temperaturstrahlung durch den Empfänger entstehen. Der Idealwert von $D^* = 1{,}8 \cdot 10^{10}$ cm · Hz$^{1/2}$ · W^{-1} bei einer Empfängertemperatur T_E und Hintergrundtemperatur T_H von je 290 K ergibt sich aus

$$D^*(T_E, T_H) = [8k\sigma(T_E^5 + T_H^5)]^{-1/2}, \qquad (2.17)$$

σ — STEFAN-BOLTZMANN-Konstante.

2.3. *Photoelektrische Empfänger* [Z 1 — Z 7]

Photoelektrische Empfänger beruhen auf dem äußeren oder dem inneren Photoeffekt (Abb. 2.4). Beim äußeren Photoeffekt bilden die Elektronen, die durch die Wechselwirkung mit der

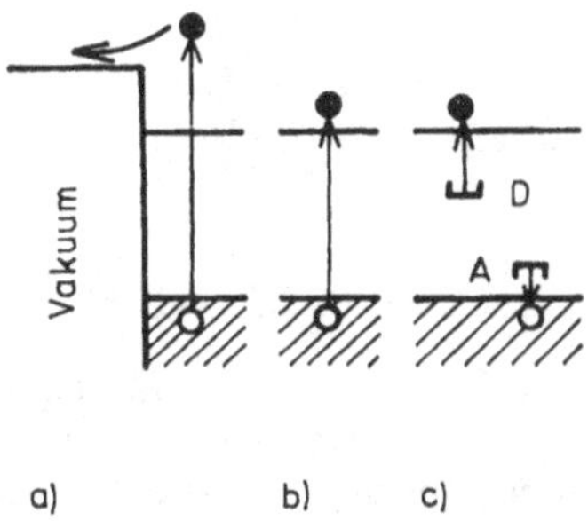

Abb. 2.4. Photoeffekte im Halbleiter-Bandmodell. a) Photoemission; b) Eigenphotoleitung; c) Störphotoleitung: D – Donator; A – Akzeptor

Strahlung aus der Photokathode ins Vakuum ausgetreten sind, den Photostrom. Zur Photoemission wird eine Mindestenergie $E_{\min}$ der Photonen benötigt, die Austrittsarbeit. Beim inneren Photoeffekt werden Elektronen und Defektelektronen durch die einfallende Strahlung in ein leitfähiges Band angeregt. In Photowiderständen erhöht sich die Leitfähigkeit durch die Bestrahlung und führt zu einem Photostrom, wenn eine äußere Spannung anliegt. Bei Photodioden werden die angeregten Ladungsträger im inneren Feld einer Sperrschicht getrennt, und ein Photostrom bzw. eine Photospannung (photovoltaischer Effekt) besteht solange, bis das Ladungsgleichgewicht wieder hergestellt ist. Auch bei den inneren Photoeffekten ist eine Mindestenergie $E_{\min}$ der Photonen nötig, um die Ladungsträger anzuregen. Durch Wahl des Halbleiters und der Dotierung lassen sich heute nahezu beliebige Werte für $E_{\min}$ bis hinab zu 10 meV bzw. Grenzwellenlängen $\lambda_{\max}$ von 120 µm realisieren. Bringt das Photon eine größere Energie als $E_{\min}$ mit, so wird i. allg. trotzdem nur ein Ladungsträgerpaar bzw. Elektron erzeugt. Die überschüssige Energie geht für den Strahlungsnachweis verloren. Die leistungsbezogene Empfindlichkeit S_{Φ} fällt deshalb oberhalb von $E_{\min}$ proportional zu E^{-1}. Dieser Empfindlichkeitsverlauf ist für viele IR-Photoempfänger charakteristisch und macht sich auch in der Detektivität D^* bemerkbar (Abb. 2.9). Aus Gl. (2.16) ergab sich, daß es wegen der Hintergrundstrahlung ungünstig ist, einen Detektor mit zu großer Grenzwellenlänge $\lambda_{\max}$ – im Vergleich zur Signalwellenlänge – zu benutzen. Hinzu kommt, daß die Wärmeschwingungen im Empfängermaterial Ladungsträger anregen·mit einer Wahrscheinlichkeit $\sim \exp(-E_{min}/kT)$. Möglichst kleine Grenzwellenlängen λ_{max} und niedrige Temperaturen reduzieren den Dunkelstrom, der durch diese Ladungsträger gebildet wird.

2.3.1. *Einzelempfänger mit Photokathode* [Z 1—Z 8]

Sekundärelektronen-Photovervielfacher (SEV, Multiplier) sind für Wellenlängen unterhalb von 1,1 μm anderen Empfängern hinsichtlich der Nachweisgrenze überlegen. Nur bei intensiven ps-Impulsen und bei radiometrischen Messungen mit extremer Langzeitkonstanz wird auf die rauscharme Verstärkung innerhalb des SEV verzichtet und eine Photozelle mit Vorverstärker verwendet.

Die Nachweisgrenze der Photovervielfacher wird durch die Eigenschaften der *Photokathode* festgelegt. Abb. 2.5 zeigt die

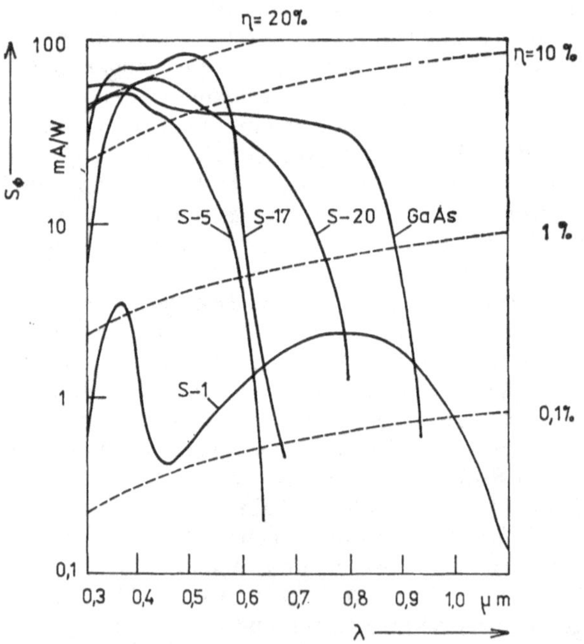

Typ	I_D (25 °C) $A\ cm^{-2}$
S-1	$10^{-13}-10^{-11}$
S-5	$10^{-14}-10^{-16}$
S-17	$10^{-14}-10^{-15}$
S-20	$10^{-16}-10^{-15}$
GaAs	$10^{-14}-10^{-16}$

Abb. 2.5. Leistungsbezogene spektrale Stromempfindlichkeit S_Φ und Dunkelströme I_D wichtiger Photokathoden. Die gestrichelte Kurvenschar entspricht konstanten Quantenausbeuten [Z 6].

Stromempfindlichkeit S_Φ wichtiger Photokathoden. Wenn ein auf die Kathode treffendes Photon mit der Wahrscheinlichkeit $\eta(\lambda)$ ein Photoelektron freisetzt, ergibt sich nach (2.1) und (2.12)

$$S_\Phi(\lambda) = \eta(\lambda)\, e\lambda/hc\,. \tag{2.18}$$

$\eta(\lambda)$ wird äußere *Quantenausbeute* genannt. Sie kann bis zu 30% betragen. Häufig werden für Messungen im UV—Grün die S-20-Kathode und im Rot—IR die S-1-Kathode eingesetzt. Den letzteren sind die oberflächenaktivierten Halbleiterkathoden (Kathoden mit negativer Elektronenaffinität, NEA) überlegen, die geringere Dunkelströme und eine größere und nahezu wellenlängenunabhängige Quantenausbeute bis zu einem steilen Abfall besitzen, der bei GaAs-Kathoden bei 920 nm liegt. Bis 880 nm werden neuerdings blauempfindliche Alkalioxidkathoden mit angehobener Rotempfindlichkeit (ERMA-Kathoden, extended red multi alkali) angeboten. Die kurzwellige Grenze bestimmt meist das Fenstermaterial.

Mit der Sekundärelektronenemission läßt sich die Zahl der Photoelektronen rauscharm auf das 10^6—10^8fache verstärken. Abb. 2.6 zeigt den Aufbau und die Schaltung eines SEV. Die Photoelektronen werden im elektrischen Feld beschleunigt und schlagen beim Auftreffen mehrere Elektronen aus der ersten Dynode D_1, die danach von weiteren Dynoden ebenso vervielfacht werden und schließlich den Anodenstrom I_A bilden. Werden bei jedem Vervielfachungsprozeß im Mittel m Elektronen von einem einfallenden erzeugt und hat der SEV n Stufen, so beträgt die Gesamtverstärkung

$$G = m^n\,. \tag{2.19}$$

m hängt von der Spannungsdifferenz zwischen den Dynoden und von ihrem Material ab. Die Dynodenmaterialien sind den Photokathodensubstanzen verwandt, da auch hier der Elektronenaustritt leicht vonstatten gehen muß. Alkali- und Halbleiter-Dynoden unterscheiden sich hauptsächlich dadurch, daß sich m bei ersteren oberhalb von 100 V nur noch geringfügig ändert und maximal 8 beträgt, während bei GaAs(Cs)-Dynoden eine lineare Steigerung mit U bis zu $m = 40$ bei 600 V möglich ist.

Die Geometrie der Dynodenanordnungen läßt sich nach zwei Gesichtspunkten optimieren, die sich gegenseitig ausschließen: für hohe Zeitauflösung oder für möglichst vollständigen Einfang aller Photoelektronen. Fokussierende Systeme (Abb. 2.6b)) lassen sich bis zu 2 ns verwenden, während Spezialausführungen bis 0,1 ns brauchbar sind. Wenige Stufen mit hoher Spannung sind für eine hohe Zeitauflösung günstig. Die Zeitauflösung wird begrenzt durch die Unterschiede in den Flugzeiten von Elektronen mit unterschiedlichem Anfangsimpulsvektor. Eine Spezialform sind die *Kanal-Vervielfacher-Platten* (Abb. 2.6c)). Sie bestehen aus vielen Tausenden von beschichteten Glashohlfasern mit Innendurchmessern um 30 µm, von denen jede auf

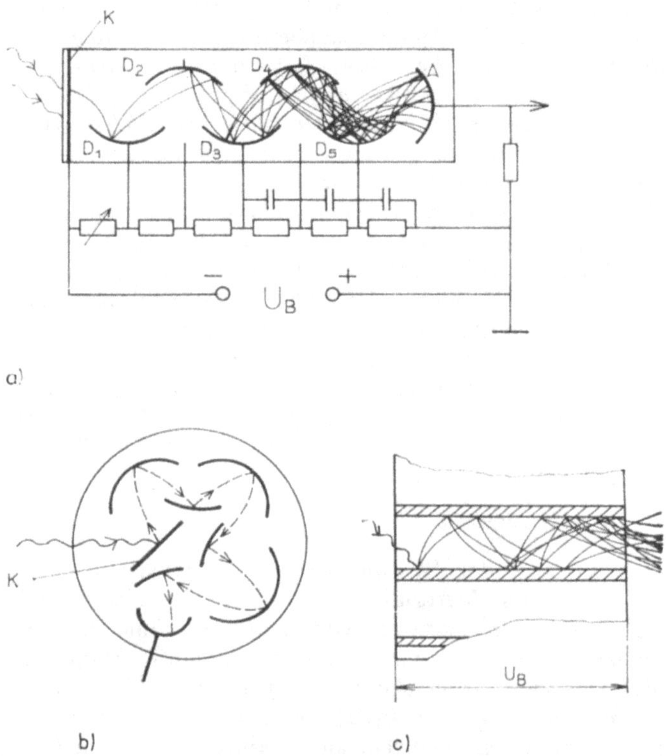

Abb. 2.6. Sekundärelektronenvervielfacher. a) Prinzip und Schaltung. K — semitransparente Photokathode, $D_1, \ldots, D_5$ — Dynoden, A — Anode, U_B — Betriebsspannung; b) SEV mit fokussierendem Dynodensystem und opaker Photokathode K; c) Ausschnitt aus einer Kanalvervielfacherplatte

Grund des Potentialabfalls zwischen Anfang und Ende als Multiplier wirkt. Entsprechend der Lage des Einzelkanals in der Platte ergibt sich eine Ortsauflösung. Die Zeitauflösung liegt im ps-Bereich. Mit Jalousie-Vervielfachern und ähnlichen linear aufgebauten Systemen, die zur zweiten Gruppe gehören, werden bestenfalls 20 ns erreicht.

An die Konstanz der Dynodenspannungen werden beträchtliche Anforderungen gestellt. Wenn die Vervielfachungsrate m proportional zur Spannung pro Stufe U_B/n angesetzt wird, so ergibt sich aus Gl. (2.19) für die relative Anodenstromänderung

$$\Delta I_A/I_A = n\,\Delta U_B/U_B. \tag{2.20}$$

Die Versorgungsspannung U_B muß also um eine Größenordnung stabiler sein als die tolerierbare Signalstromänderung, wenn nicht im Plateau der I-U-Charakteristik gearbeitet wird. Zum Messen geringer Intensitäten im Anschluß an intensive Anregungsimpulse kann die Verstärkung getastet werden [4]. Für die Linearität ist es wichtig, daß bei hohen Anodenströmen der Spannungsteiler von den Dynodenströmen nicht belastet wird. Dazu können die Widerstände durch ZENER-Dioden ersetzt werden. Bei Impulsbetrieb erhöhen Kondensatoren im Spannungsteiler die Linearität (Abb. 2.6a)). Die Linearität ist stark typabhängig. Im allgemeinen ist zwar erst oberhalb von 1% des maximalen Anodenstromes mit stärkeren Abweichungen zu rechnen, eine Linearitätsprüfung bei kritischen Aufgaben jedoch empfehlenswert [5]. Durch Regelung konnte eine Linearität von $5 \cdot 10^{-4}$ über 3 Größenordnungen erreicht werden [6]. Bei zu hohen Bestrahlungsstärken können zeitweilige Ermüdungen von Kathodenbereichen oder irreversible Veränderungen auftreten. Der maximale Anodenstrom gilt für eine gleichmäßig ausgeleuchtete Photokathode.

Durch die hohe Verstärkung spielt das Widerstandsrauschen des Arbeitswiderstands beim SEV keine Rolle. Die Nachweisgrenze eines SEV wird meist durch das Dunkelstromrauschen bestimmt. Analog zur Ableitung der Gl. (2.16) ergibt sich bei Dunkelstrombegrenzung die Rauschäquivalentleistung

$$\mathrm{NEP} = h\nu(2\,B\,I_D/e)^{1/2}/\eta. \tag{2.21}$$

Der Dunkelstrom I_D von S-1-Kathoden, der weitgehend durch thermische Emissionsprozesse zustande kommt, kann durch Kühlen der Kathode um mehrere Größenordnungen reduziert werden [7]. Wenn das bequeme Kühlverfahren mit PELTIER-Elementen nicht verfügbar ist, so kann eine Temperierung mit einstellbarer Temperatur mit dem Abdampfen von flüssigem Stickstoff improvisiert werden [8]. Beim Abkühlen verschiebt sich die langwellige Grenze ins Kurzwellige, und die Empfindlichkeit wird insgesamt geringer. Bei anderen Photokathoden ist durch Kühlen oft keine wesentliche Verbesserung in der NEP erzielbar — auch wenn das Dunkelstromrauschen dominiert. Hier stammt I_D nicht bloß von thermischen Prozessen. Eine Reduktion der wirksamen Kathodenfläche ist bei ihnen meist weitaus wirksamer als Abkühlen. Das kann durch äußere magnetische Linsen bewerkstelligt werden, die Elektronen nur aus einem bestimmten Kathodenbereich zur ersten Dynode durchlassen [7, 9], oder durch eingebaute elektrostatische Fokussierungen. Eine niedrige Kathoden-Dynoden-Spannung ist günstig. Starke Beleuchtungen können I_D für Stunden beträchtlich vergrößern.

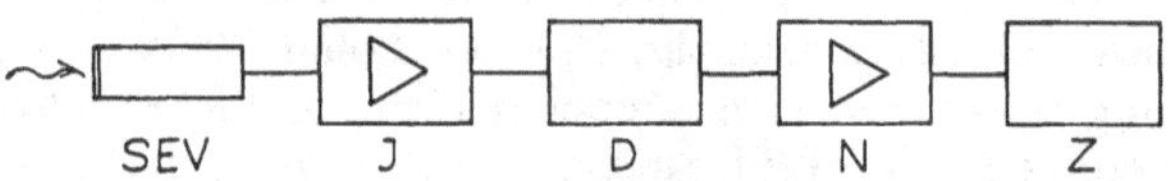

Abb. 2.7. Blockschaltbild eines Photonenzählsystems. *I* — Impulsverstärker; *D* — Diskriminator; *N* — Nachfolgeverstärker; *Z* — Zähler

In *Photonenzählanordnungen* [Z 9; 10, 11] kann ein Teil des Dunkelstromes als nicht von Signalphotonen stammend erkannt und unterdrückt werden (Abb. 2.7). Dabei macht man sich zunutze, daß in geeigneten Multipliern bei ausgesuchten Betriebsbedingungen die Höhen der Ausgangsspannungsimpulse um einen spezifischen Wert liegen, wenn Licht eingestrahlt wird. Thermisch aus der Kathode oder den Dynoden emittierte Elektronen liefern dagegen kleinere Pulshöhen, durch Höhenstrahlung etc. ausgelöste Elektronen ergeben größere Pulshöhen. Ein Diskriminator trennt die Impulse ab, die zu stark vom Maximum der Nutzlicht-Pulshöhenverteilung abweichen, und dementsprechend verändert sich der Wert von I_D stark und der von I_S nur wenig. Die Dunkelstromimpulse können so auf $1\,s^{-1}$ reduziert werden. Oberhalb von Zählraten von $10^3\,s^{-1}$ ist die Photonenzählung den einfachen Nachweisverfahren nicht mehr prinzipiell überlegen. Ihr Vorteil besteht dann darin, daß über große Meßzeiten driftfrei gemessen werden kann. Bei Zählraten von 10^5—$10^7\,s^{-1}$ setzt die Grenzfrequenz der Verstärker dem Einsatz des Zählverfahrens ein Ende. Die Zählung läßt sich auch zeitkorreliert durchführen [12].

Gl. (2.14) macht deutlich, daß eine hohe Quantenausbeute $\eta(\lambda)$ für die NEP wichtig ist. Neben der Wahl eines günstigen Photokathodentyps läßt sich η durch Tricks vergrößern, wie durch innere Vielfachreflexion in semitransparenten S-20-Kathoden [13] oder durch Kugelspiegel über S-1-Kathoden, die die von der Kathode reflektierte Strahlung zurückwerfen [14]. Die Empfindlichkeit an der langwelligen Kante ist exemplarabhängig und kann durch schräge Beleuchtung etwas verbessert werden. Die kurzwellige Grenzwellenlänge wird durch die Transmission des Fenstermaterials (Glas, Quarz, MgF_2, LiF) bestimmt (s. 3.4.). Durch fluoreszierende Stoffe (Szintillatoren) vor der Photokathode läßt sich die Grenze erweitern, ohne daß zu den sensiblen offenen Systemen übergegangen werden muß. Natriumsalizylat hat als Wellenlängenkonverter zwischen 100 und 350 nm eine Quantenausbeute von 60—70%, und sein Emissionsspektrum ist an den Empfindlichkeitsverlauf von S-11-Kathoden angepaßt.

Äußere Magnetfelder können den SEV-Strom stark beeinflussen. Typ- und orientierungsabhängig bewirken bereits Felder von 0,05—5 mT eine Stromhalbierung, die durch Abschirmungen vermieden wird [15]. Mitunter haben magnetische Einstreuungen dem Flickerrauschen ähnliche Störungen zur Folge. Kriechströme am Sockel werden durch sorgfältige Reinigung mit absolutem Alkohol und anschließende Warmtrocknung, durch Hydrophobieren oder Heizen beseitigt.

2.3.2. Photodioden und Photowiderstände [Z 1—Z 6, Z 10—Z 14]

Photodioden und -widerstände lassen sich mit Empfindlichkeitsmaxima für nahezu jede Wellenlange herstellen. Photodioden können entweder aktiv als Strom- oder Spannungsquelle (photovoltaische Zelle, Photoelement) oder passiv als Photowiderstand mit äußerer Quelle betrieben werden. Der Kurzschlußstrom einer photovoltaischen Zelle hängt linear von der Bestrahlungsstärke ab (Abb. 2.8). Bei einem offenen Photoelement ist die Leerlaufspannung $\sim \log \Phi$. Photoelemente rauschen prinzipiell etwas weniger als Photowiderstände. Allerdings lassen sich mit Photowiderständen größere Photoströme als $e\eta N$ erzielen. Ist nämlich die Lebensdauer der Ladungsträ-

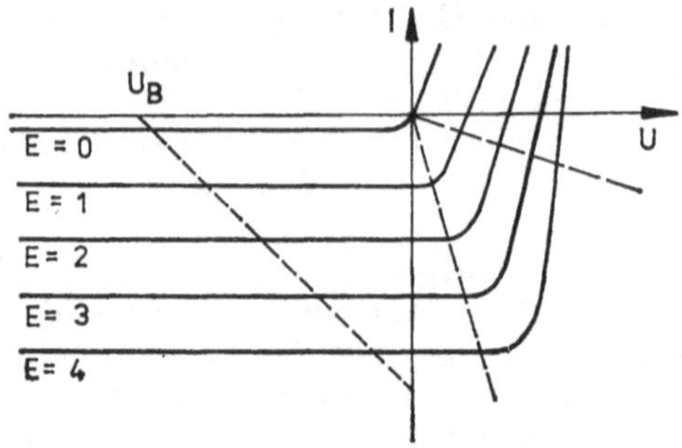

Abb. 2.8. Strom-Spannungs-Kennlinien einer Photodiode bei verschiedenen Bestrahlungsstärken E. Die gestrichelten Widerstandsgeraden zeigen, daß beim Betrieb als photovoltaisches Element (IV. Quadrant) nur für kleine Widerstände U proportional zu E ist, während bei Schaltung als Photowiderstand mit der äußeren Spannung U_B (III. Quadrant) ein größerer Linearitätsbereich und größere Signalspannungen erreicht werden.

ger in einem Photowiderstand größer als die Laufzeit von Elektrode zu Elektrode, so fließt die Ladungsmenge eines Ladungsträgerpaars mehrmals durch den äußeren Stromkreis.

Silizium-Photodioden werden mit verschiedenen Ausführungen der Sperrschicht und damit zusammenhängenden, unterschiedlichen spektralen Empfindlichkeitskurven $S_\Phi(\lambda)$ für den Bereich von 0,2—1,15 µm in hoher Perfektion hergestellt. Von hinten bestrahlte Si-Schottky-Dioden weisen zwischen 2—12 µm hohe Empfindlichkeiten auf, wenn sie auf 45—80 K gekühlt werden.

Bei Si-Dioden erreicht $S_\Phi(\lambda)$ Werte bis zu 0,06 A/W. Die Quantenausbeute im Kurzwelligen kann durch Vielfachreflexion auf 1 gebracht werden [16]. Die Dunkelströme liegen bei einigen 10^{-7} A/mm². Der Kurzschlußstrom ist über 6 Größenordnungen innerhalb von 1% linear. Im Gegensatz zu vielen anderen Photoelementen zeigen Si-Photodioden keine Ermüdung im Kurzschlußbetrieb und kaum Alterungserscheinungen. Bei anderweitiger Bestimmung ihrer Quantenausbeute sind sie als absolute Strahlungsempfänger benutzbar, ohne daß eine Normallichtquelle zur Eichung erforderlich ist [17].

Lawinen- oder *Avalanche-Photodioden* werden mit so hohen Spannungen betrieben, daß in der Sperrichtung nahezu die

Durchbruchsfeldstärke erreicht wird. Die Photoladungsträger nehmen im elektrischen Feld dann soviel Energie auf, daß sie weitere Ladungsträger durch Stoßionisation erzeugen und einen 20–1000fach größeren Photostrom liefern. Lawinendioden sind Phototransistoren überlegen, wenn kleine Photoströme mit großer Bandbreite nachgewiesen werden sollen, und eignen sich wegen ihrer kleinen Zeitkonstanten ($\geqq$ 80 ps) auch zur Photonenzählung [18].

Für längere Wellenlängen werden Photodioden aus Germanium, InAs, InSb, HgCdTe und PbSnTe hergestellt (Abb. 2.9). Eigenleitungsphotowiderstände werden aus diesen Materialien sowie aus PbS und PbSe und Störleitungsphotowiderstände aus Ge oder Si erzeugt, das mit Au, Hg oder Cu dotiert ist. Entsprechend den verschiedenen Absorptionskoeffizienten oberhalb und

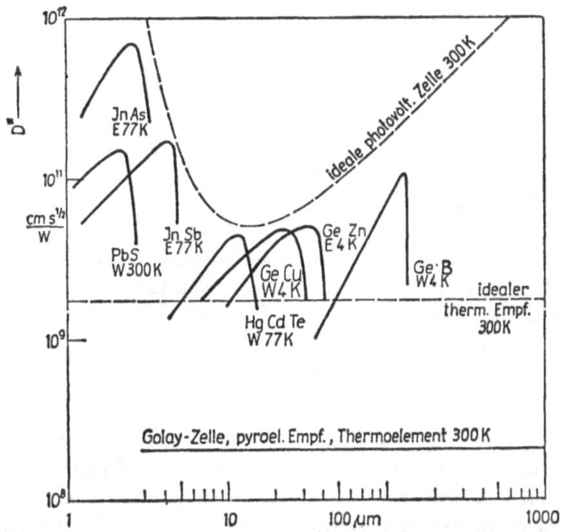

Abb. 2.9. Typische Werte des Nachweisvermögens D^* von IR-Empfängern. Unter der Materialzusammensetzung sind die Betriebsart (W – Photowiderstand; E – photovoltaisches Element) und die Betriebstemperatur angegeben. Die gestrichelten Kurven geben die theoretischen Grenzen an, wenn der Hintergrund mit einer Temperatur von 300 K aus dem Halbraum strahlt. Für photovoltaische Elemente ist die Hüllkurve der D^*-Maxima angegeben.

unterhalb der Bandkante wird die Strahlung in Störphotoleitern im Volumen und in Eigenphotoleitern nahe der Oberfläche absorbiert, so daß letztere auch als Dünnschichtempfänger hergestellt werden können. Die Nachweisgrenze hängt produktspezifisch vom benutzten Strom und der Meßfrequenz ab. Die Widerstandswerte liegen zwischen mehreren kΩ und MΩ. In InSb werden Übergänge freier Ladungsträger zwischen LANDAU-Niveaus benutzt, um mit Hilfe eines Magnetfeldes durchstimmbare Empfänger im FIR zu betreiben. Die Photoleitung durch Einstrahlung in bereits optisch angeregte Impurity-Zustände zeichnet sich als neuer Mechanismus für den FIR-Nachweis ab, mit dem zwei Größenordnungen bessere Nachweisempfindlichkeiten als mit Bolometern in diesem Gebiet erreichbar sind.

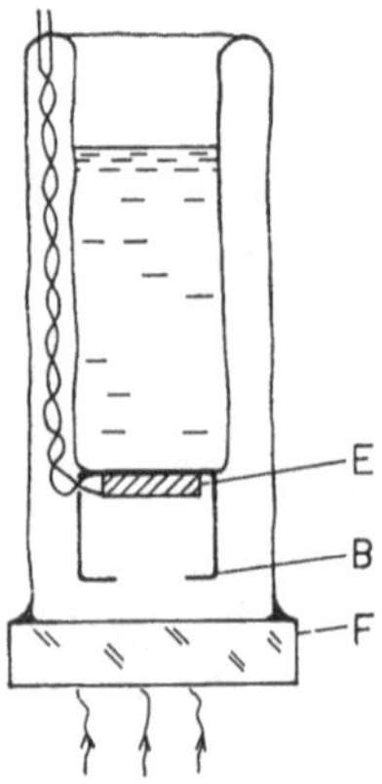

Abb. 2.10. Kühlung eines IR-Empfängers in einem DEWAR-Gefäß für flüssigen Stickstoff. *E* — Empfänger; *B* — kalte Blende; *F* — Fenster

Die meisten IR-Empfänger müssen gekühlt werden (77 K; 4,2 K; 0,3 K). Mitunter lassen sie sich in der Nähe der gekühlten Probe anbringen. Ein einfaches Kühlsystem zeigt Abb. 2.10.

Problematisch ist die Verstärkung kleiner Photoströme, insbesondere bei hochohmigen Photoleitern wegen des Widerstandsrauschens und der Einstreuungen. In extremen Fällen wird die FET-Eingangsstufe in unmittelbarer Nähe des Empfängers mitgekühlt [19]. Durch Gegenkopplung über Kapazitäten kann der Photostrom integriert werden.

2.3.3. Ortsauflösende Empfänger [Z 15; Z 2, Z 4, Z 13, Z 14]

Zur Zeit wird in der Spektroskopie die Photoplatte durch ortsauflösende Empfänger abgelöst, die durch Integration vieler Photoempfängerelemente zu Zeilen- oder Matrizenanordnungen hergestellt werden und sich einen zunehmenden Einsatzbereich erobern (s. 4.4.). Um den Aufwand gering zu halten, wird das Signal aus den Empfängerelementen seriell ausgelesen. Das bedingt, daß an Stelle des momentanen Strahlungsflusses pro Element die Strahlungsmenge gemessen werden muß, die zwischen den Abfragezeitpunkten auf das Element gefallen ist. Bei Kühlung der Empfänger betragen die Speicherzeiten für die photoinduzierten Ladungsträger bis zu Stunden. Das seriell aus den Empfängerelementen ausgelesene Signal wird verstärkt und steht nach Digitalisierung in einem externen Speicher zur rechentechnischen Weiterverarbeitung zur Verfügung. Üblich sind beispielsweise Dunkelstromsubtraktion, Akkumulation, Dividieren zweier Spektren und Logarithmieren, Korrektur der Spektralempfindlichkeit, Glätten und Differenzieren.

Als ortsauflösende Empfänger werden in der Spektroskopie Vidikon-Versionen oder integrierte Silizium- und HgCdTe-Sensorzeilen verwendet. Bei ersteren kann mit elektronenoptischen Bildwandlersystemen die Empfindlichkeit soweit erhöht werden, daß bei Kühlung 0,1 Photonen/s nachweisbar sind. Die Festkörpersensorzeilen haben neben dem geringeren Preis den Vorzug exakter und stabiler Geometrie und großer Linearität ($1:10^5$).

Die Ortsauflösung der Empfänger liegt bei 10—50 µm. Die spektrale Empfindlichkeit entspricht derjenigen der verwendeten Dioden oder Photokathoden. Durch Aufbringen fluoreszierender Schichten können die Empfänger für das UV „sensibilisiert“ werden [20]. Für das IR werden pyroelektrische Targets verwendet [21].

Auf der strahlungsempfangenden Fläche eines Vidikons, dem Diodentarget, sind viele mikroskopisch kleine Si-Dioden angeordnet (Abb. 2.11). Die Dioden haben eine gemeinsame Kathode. Die isolierten Anoden auf der Rückseite werden mit einem Elektronenstrahl nacheinander abgerastert. Bei der Entladung der Anode durch den Elektronenstrahl fließt über die Kathode als Videosignal ein Strom, der der Anzahl der Photoelektroden in der Diode entspricht. Die Empfindlichkeit des Vidikons läßt

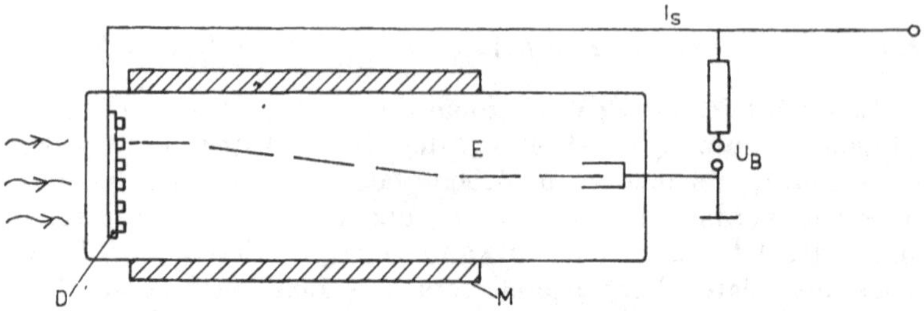

Abb. 2.11. Prinzip des Vidikons. D — Diodentarget; E — Elektronenstrahl; M — Spulen des magnetischen Ablenk- und Fokussierungssystems; I_s — Videosignal; U_B— Betriebsspannung

sich durch eine vorgeschaltete Photokathode erhöhen. Die Photoelektronen werden dabei mit einem elektronenoptischen System beschleunigt oder mit einer Kanalplatte verstärkt und treffen danach auf das freiliegende Si-Target. Die elektronenoptische Zwischenabbildung kann elektrisch unterbrochen werden, wodurch zeitaufgelöste Spektren bis herab zu 30 ns beobachtbar sind.

In Festkörpersensorzeilen werden die Photoladungen in den Einzeldioden durch einen Transferimpuls in ein zur Empfängerzeile parallel liegendes Schieberegister überführt und damit seriell dem Vorverstärker zugeleitet [22].

2.4. *Thermische Empfänger* [Z 1—Z 5, Z 12—Z 14]

Bei den thermischen Empfängern erhöht die absorbierte Strahlung die Temperatur des Absorptionselements, das sich nach dem Abschalten der Strahlung über eine wärmeleitfähige Verbindung zur Umgebung wieder abkühlt. Die verschiedenen Grundtypen der thermischen Empfänger unterscheiden sich dadurch, mit welchem Effekt diese sehr kleinen Temperaturänderungen gemessen werden. Genutzt werden der SEEBECK-Effekt bei Thermoelementen, der Temperaturkoeffizient des elektrischen Widerstandes bei Bolometern, der Polarisationsstrom bei pyroelektrischen Empfängern, die Ausdehnung von Gasen im GOLAY-Detektor.

Für das Absorptionselement wird ein hoher, konstanter Absorptionsgrad für den gesamten Einsatzspektralbereich angestrebt. Das ist im MIR ohne Schwierigkeit möglich, da viele der einsetzbaren Materialien ohnehin eine hohe IR-Absorption aufweisen. In Gebieten mit unbefriedigendem Absorptionsgrad werden die Absorptionselemente mit amorph aufgedampften Metall- oder Metalloxidschichten geschwärzt, wodurch allerdings die Wärmekapazität vergrößert wird. Mit blanken Metallschichten erreicht man einen Absorptionsgrad von 50%, wenn die Schicht einen Quadratwiderstand von 188 Ω aufweist und damit an die Impedanz des Vakuums angepaßt ist. Da diese Maßnahmen bei den Absorptionselementen aller thermischen Empfängerbauarten anwendbar sind, legt das Fenstermaterial den Wellenlängenbereich meist fest. Die Konstanz von $S_\Phi(\lambda)$ bei thermischen Empfängern macht sie beim IR-Empfang für kurzwelliges Streulicht empfindlicher als photoelektrische Empfänger.

Die von einem vollständig absorbierenden Absorptionselement im Zeitintervall dt aufgenommene Strahlungsenergie $\Phi(t)$ dt erhöht z. T. die Temperatur des Absorptionselements mit der Wärmekapazität C_{th} um dT oder wird als Wärmeverlust $R_{\text{th}}^{-1} \times T_{\text{Ü}}$ dt abgeleitet, der durch die Temperaturdifferenz $T_{\text{Ü}}$ zur Umgebung und den thermischen Widerstand R_{th} bestimmt ist. Aus dieser Energiebilanz ergibt sich eine Differentialgleichung analog zu Gl. (2.7) mit $U \triangleq T_{\text{Ü}}, S \triangleq 1, C \triangleq C_{\text{th}}, R \triangleq R_{\text{th}}$. Aus der Lösung (2.8) nach Einschalten einer konstanten Strahlungsleistung sieht man, daß das Temperatursignal um so größer ist, je größer der thermische Widerstand R_{th} zur Umgebung ist. Großen thermischen Widerständen steht die Beziehung für die Zeitkonstante $\tau_{\text{th}} = R_{\text{th}} C_{\text{th}}$ entgegen. Mit Ausnahme der pyroelektrischen Empfänger lassen sich befriedigende Empfindlichkeiten nur bei relativ großen Zeitkonstanten von 10—100 ms erreichen. Bei Zimmertemperatur liegt D^* für hochgezüchtete thermische Empfänger bei 10^9 cm $\text{Hz}^{1/2}\text{W}^{-1}$, also eine Größenordnung unter dem theoretischen Grenzwert Gl. (2.17). Für kleine Wellenlängenintervalle lassen sich stets photoelektrische Empfänger finden, deren Nachweisgrenze günstiger liegt.

Mit thermischen Empfängern sind absolute *radiometrische Messungen* möglich. Dabei wird das Absorptionselement mit bequem meßbarer Joulescher Wärme elektrisch aufgeheizt, um die Anzeige zu eichen.

Ein *pyroelektrischer Empfänger* [23, 24] besteht aus einem Kondensator, dessen pyroelektrisches Dielektrikum seine Polarisation bei der strahlungsinduzierten Temperaturerhöhung ändert, wodurch Oberflächenladungen abfließen, die im Außen-

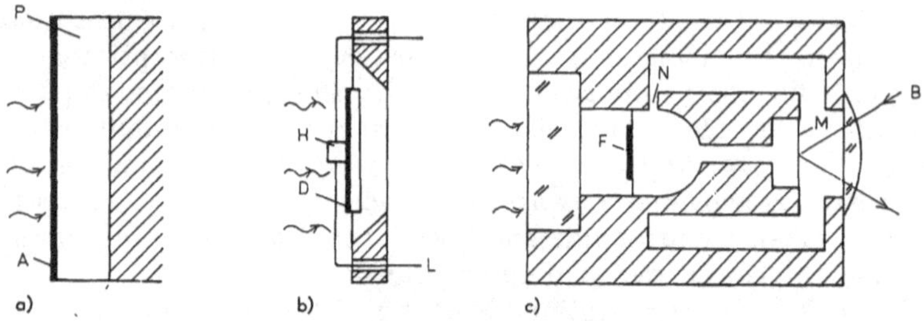

Abb. 2.12. Prinzipien thermischer Empfänger. a) Pyroelektrischer Empfänger: A — Absorptionselement und Elektrode; P — pyroelektrisches Dielektrikum; b) Halbleiterbolometer für tiefe Temperaturen: D — wärmeleitfähige Kristallscheibe mit Absorberbelag; H — Halbleiterkristall, mit dem die Temperatur von D gemessen wird; L — Zuleitungen; c) GOLAY-Zelle: F — Absorberschicht auf Trägerfilm; M — spiegelnde flexible Membran; B — Beobachtungsstrahlengang; N — pneumatischer Nebenschlußkanal

kreis nachgewiesen werden (Abb. 2.12a). Im Unterschied zu anderen thermischen Empfängern tritt das Ausgangssignal nur während der Temperaturänderung auf und verschwindet wieder, wenn das Absorptionselement eine konstante Temperatur angenommen hat. Die pyroelektrischen Empfänger sind auch noch mit sehr kleinen Zeitkonstanten verwendbar. In ns-Bereich werden immerhin noch Empfindlichkeiten von 10^{-4} V/W erreicht. Bei 10—100 ms liegt die Empfindlichkeit bei 30 V/W. Die Abweichungen von der Linearität innerhalb von 10^{-6}—10^{-1} W cm^{-2} sind nicht größer als 5%. Große Empfängerflächen (cm^2) sind möglich. Die Mikrophonieempfindlichkeit ist inzwischen reduziert worden. Eine absolute radiometrische Eichung ist auf 1% genau durchführbar [25].

Thermoelemente sind billige und bequeme thermische Empfänger. Oft werden mit dem Absorptionselement viele hintereinandergeschaltete Thermoelemente verbunden, um die Empfindlichkeit zu erhöhen, die bei 5—20 V/W liegt. Die Empfängerfläche (0,1—2 mm^2) ist nicht an allen Stellen gleich empfindlich. Die Ankopplung an den Verstärker ist problematisch wegen der geringen Innenwiderstände von 1—100 Ω. Äußere Störspannungen (Lötkolbenleckstrom, unabgeglichene Kompensatoren) und intensive Bestrahlung führen zur Zerstörung.

Bolometer arbeiten wie Widerstandsthermometer. Mit billigen Thermistorbolometern lassen sich D^*-Werte von einigen 10^8

cm $Hz^{1/2}W^{-1}$ und Flächen von $0{,}5 \times 0{,}5 - 5 \times 5$ mm² erreichen. Auf 0,3—4 K gekühlte Bolometer sind die empfindlichsten thermischen Empfänger (Abb. 2.12b). Mit Halbleitern oder mit Metallen am Supraleitungssprungpunkt werden Empfindlichkeiten von 10^2-10^7 V/W und D^*-Werte bis zu 10^{13} cm $Hz^{1/2}W^{-1}$ bei gekühltem Hintergrund erreicht [26, 27].

Bei dem GOLAY-*Detektor* gibt die Absorberschicht die Wärme an das Umgebungsgas ab (Abb. 2.12c)). Durch die Ausdehnung des Gases wölbt sich eine flexible Membran, die die Gaszelle abschließt. Die Verbiegung der Membran wird meist optisch über Moiré-Effekte erfaßt. Ein Nebenkanal macht langsame Temperaturänderungen unwirksam.

2.5. Sonstige Empfänger

Für die Randgebiete des optischen Spektrums werden Empfänger oft noch in den Anwenderlabors entwickelt. Im FUV wird neben dem SEV mit Szintillator die *Ionisationskammer* und der GEIGER-MÜLLER-Zähler verwendet. Durch geeignete Wahl von Fenster und Füllgas können Spektralintervalle selektiv empfangen werden [Z 7, Z 16]. Im FIR werden Antennen mit Dioden, die die Strahlung gleichrichten [28, Z 12] und JOSEPHSON-Detektoren [27, 29, Z 12] eingesetzt. Der *Überlagerungsempfang* (Nonlinear Heterodyne Detection) ergibt eine allen anderen Methoden überlegene Nachweisempfindlichkeit bei schwachen frequenzstabilen Quellen, auch bei geringer Empfängerqualität [Z 2].

Große Strahlungsleistungen werden mit kurzer Ansprechzeit mit dem *Photondrag*-Effekt gemessen.

Im Labor behilft man sich beim Fehlen von Bildwandlern mit fluoreszierenden Stoffen. Na-Salizyl in Alkohol oder Mineralöle fluoreszieren bei UV-Bestrahlung. IR-Strahlung löscht oder stimuliert die Lumineszenz [Z 17].

2.6. Proben als Empfänger

Bei Bestrahlungsmethoden übernimmt die Probe die Funktion des Empfängers. Für den Zusammenhang zwischen der spektralen Strahlungsleistung und dem Ausgangssignal des ausgenutzten Meßeffektes läßt sich oftmals theoretisch eine Empfindlichkeit analog zu Abschn. 2.1. ableiten. Auch die Einteilung in photoelektrische und thermische Empfangsmechanismen läßt sich wieder benutzen. Die entsprechenden Nachweisgrenzen werden normalerweise nicht erreicht, da die Meßeffekte wesentlich höhere Rauschpegel aufweisen als in hochgezüchteten Empfängern. Meist übertrifft das Signal das Rauschen nur wenig, so daß im Übergangsgebiet der Rauschgesetze II und III in Abb. 2.3 gearbeitet werden muß. Deshalb erlangen auch geringfügige Verbesserungen Wichtigkeit, wie die Erhöhung der Absorption durch schrägen Einfall, innere Vielfachreflexion und günstige Dickenwahl und die Verringerung von Reflexionsverlusten durch Rückreflexion, Vergütung oder Einbetten in Substanzen ähnlicher Brechzahl. Für die Probenabmessungen läßt sich meist ein Optimum finden, das u. a. von der Art des Meßeffektes und dem Spektralgebiet abhängt.

Hohe Nachweisempfindlichkeiten werden mit der *photoakustischen Spektroskopie* [Z 18, Z 19] erreicht. Die periodische Erwärmung der Probe infolge der Absorption der zerhackten Meßstrahlung führt in ihr oder im umgebenden Gas zu Schallwellen, die mit einem Mikrophon oder anderen akustoelektrischen Wandlern nachgewiesen werden. Der Vorzug der Methode gegenüber Transmissionsmessungen besteht darin, daß die Aussagen über die Absorption nicht mehr aus dem Licht entnommen werden, das durch die Probe hindurchtritt. Dadurch werden praktisch strahlungsundurchlässige Proben (hoch absorbierend oder stark streuend) Absorptionsmessungen zugänglich gemacht. Es lassen sich auch dünne Schichten und sehr kleine Absorptionskoeffizienten (10^{-5} cm^{-1}) messen. Bei einer Transmissionsmessung müßte bei einer solchen Probe ein sehr kleiner Unterschied eines großen Strahlungsflusses bestimmt werden, während beim photoakustischen Empfang die kleine Differenz selbst die Meßgröße bildet. Aus den Phasenverzögerungen der Signale sind Schlüsse auf nichtradiative Prozesse möglich. Im Gegensatz zu anderen thermischen Empfängern verwendet man photoakustische Zellen auch im UV–NIR. Auch Tieftemperaturversionen sind entwickelt worden. Durch Abrastern der Probe ist eine räumliche Auflösung möglich, die auch zum Erkennen von Materialinhomogenitäten im μm-Bereich infolge von Unterschieden im thermischen Verhalten genutzt werden kann [30].

Dem photoakustischen Nachweis verwandt sind andere empfindliche Nachweisverfahren für die Probenerwärmung durch Absorption: die äußerst empfindliche Tieftemperaturkalorimetrie [31], der Nachweis durch Schall zweiter Art in superfluidem Helium [32], durch die Deformation der Probe [33], durch die

Brechzahländerung in der Probe (thermal lensing [Z 19]) oder im Medium davor (photothermale Deflexionsspektroskopie [34]) und die photothermale Spektroskopie [35], bei der die Wärmestrahlung der vom Meßstrahl erwärmten Probenteile zum Nachweis dient.

3. Übertragung optischer Strahlung

Die Eigenschaften der Übertragungsstrecken für die optische Strahlung zwischen den Baugruppen eines spektroskopischen Meßplatzes bestimmen wesentlich das an der Probe oder am Empfänger verfügbare Signal. Für die Verknüpfung der optischen Baugruppen ist sowohl bei der Planung als auch bei der Ausführung ein beträchtlicher Aufwand erforderlich. Neben den Abbildungsgesetzen sind dazu Kenntnisse über die Wirkung der Bündelbegrenzung und der Materialeigenschaften wichtig.

3.1. Abbildungsgesetze [Z 3, Z 20—Z 23]

In diesem Abschnitt wird nur eine kurze Zusammenfassung gegeben. In Tab. 3.1 sind einige wichtige Formeln für die Abbildung

Tabelle 3.1
Abbildungsgesetze

Größe	Für brennpunktbezogene Weiten	Für hauptpunktbezogene Weiten
Abbildungsmaßstab $\beta' = y'/y$	$\beta' = \sqrt{-\frac{z'n}{zn'}}$ $\left(\beta' = \sqrt{-z'/z}\right)$	$\beta' = \frac{a'n}{an'}$ $(\beta' = a'/a)$
Abbildungsgleichung	$z \cdot z' = \bar{f} \cdot f'$ $(z \cdot z' = -f'^2)$	$\frac{\bar{f}}{a} + \frac{f'}{a'} = 1$ $\left(-\frac{1}{a} + \frac{1}{a'} = \frac{1}{f'}\right)$
Objektweite	$z = -\bar{f}/\beta'$	$a = \bar{f}\left(1 - \frac{1}{\beta'}\right)$
Bildweite	$z' = -f'\beta'$	$a' = f'(1 - \beta')$

Eingeklammerte Formeln beziehen sich auf gleiche Medien ($n = n'$) zu beiden Seiten des Abbildungssystems. Bei ungleichen Brechzahlen gilt $\bar{f} = -nf'/n'$. (Für sphärische Spiegel ist $n' = -1$ zu setzen. Beide Hauptpunkte fallen bei ihnen mit dem Flächenscheitel zusammen.)

im paraxialen Raum zusammengestellt. Die brennpunktbezogenen Formeln, die auch als NEWTONsche Abbildungsgleichungen bezeichnet werden, sind für Rechnungen häufig bequemer als die hauptpunktbezogenen. Die verwendeten Symbole und die Konventionen über ihre auf die Lichteinfallsrichtung bezogenen Vorzeichen zeigt Abb. 3.1. Diese Bezeichnungsweise der konstruktiven und rechnenden Optik unterscheidet sich von derjenigen in den Werkstätten, in denen unabhängig von der Orientierung bei der Verwendung die konvexen Oberflächen mit positiven und die Konkavoberflächen mit negativen Vorzeichen gekennzeichnet werden. Die Abbildungsgesetze gelten streng nur in

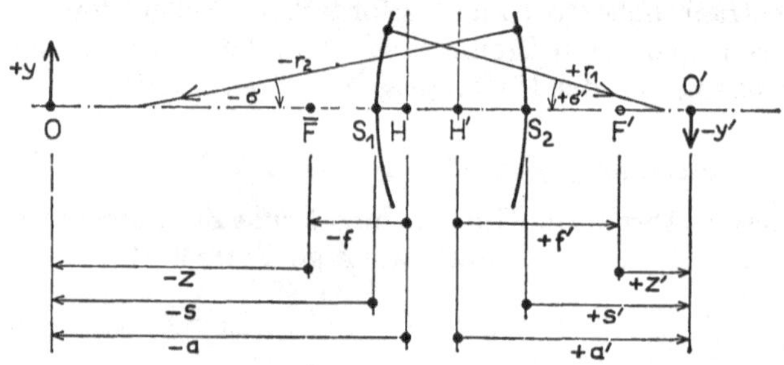

Abb. 3.1. Wichtige Größen und Vorzeichenfestlegungen bei der Abbildung mit einer Linse. $\bar{F}$, F' — Brennpunkte; H, H' — Hauptpunkte; S_1, S_2 — Flächenscheitelpunkte; f, f' — Brennweiten; z, z' — brennpunktbezogene Objekt- bzw. Bildweite; s, s' — scheitelbezogene Objekt- bzw. Bildweite; a, a' — hauptpunktbezogene Objekt- bzw. Bildweite; O — O' optische Achse

einem fadenförmigen Gebiet um die optische Achse, dem *paraxialen* oder *GAUSSschen Raum.* Sie sind beim Umgang mit Einzellinsen, Spiegeln und zusammengesetzten Systemen auch außerhalb dieses Geltungsbereichs von Nutzen.

Zur zeichnerischen Bildbestimmung hat sich die Konstruktion in Abb. 3.2 bewährt, bei der der Verlauf von drei charakteristischen Strahlen verfolgt wird, die aber dem tatsächlichem Strahlverlauf nicht entsprechen müssen. Für die zur optischen Achse senkrechte Richtung kann ein anderer Maßstab als in Achsenrichtung benutzt werden, wodurch die Konstruktion genauer und übersichtlicher wird. Der achsenparallele Strahl 1 in Abb. 3.2 verläuft jenseits der Hauptebene H' durch den Brennpunkt

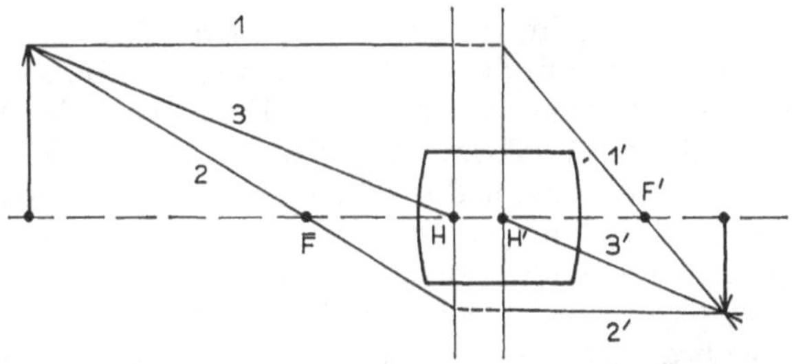

Abb. 3.2. Bildkonstruktion mit charakteristischen Strahlen

(Brennstrahl), und analog wird aus dem objektseitigen Brennstahl 2 im Bildraum der Parallelstrahl 2'. Der zum Hauptpunkt H laufende Strahl 3 hat objekt- und bildseitig die gleiche Neigung und dient als dritter Strahl zur Kontrolle. Das Gebiet zwischen den Hauptebenen wird achsenparallel überbrückt. Für größere Öffnungswinkel müssen die Hauptebenen durch Kugeln mit den Radien a bzw. a' ersetzt werden, um die Sinusbedingung zu berücksichtigen.

3.2. *Bündelbegrenzung* [Z 3, Z 20—Z 22]

Zur Vereinfachung werden in diesem Abschnitt die Blenden als kreisförmig und zur optischen Achse zentriert angenommen. Verluste durch Absorption, Reflexion und Streuung werden nicht in Betracht gezogen. Sie können mit einem Koeffizienten in der Form eines äußeren Transmissionsgrads $\tau(\lambda)$ erfaßt werden. Strahlungsflüß, -dichte und -stärke des Systems ergeben sich aus den hier abgeleiteten verlustfreien Werten, durch Multiplikation mit $\tau(\lambda)$. Ferner soll die Strahlung inkohärent sein.

3.2.1. *Blenden, Pupillen, Luken*

Die Bündelbegrenzung durch die *Öffnungs- oder Aperturblende* ist sowohl für das beugungsbegrenzte Auflösungsvermögen und die Abbildungsfehler als auch für die ubertragene Strahlungsleistung eines Linsen- oder Spiegelsystems von Bedeutung. Welches strahlbegrenzende Bauelement in einem Strahlengang als Öffnungsblende wirkt, erkennt man theoretisch daran, welche Begrenzung beim Vergrößern des Schnittwinkels u eines Strahls, der von dem axialen

Objektpunkt O ausgeht, zuerst erreicht wird (Abb. 3.3a)). Blickt man vom Objekt her in das System, so wird das Blendenbild mit dem kleinsten Durchmesser von der Öffnungsblende entworfen. Welche Blende die Funktion der Öffnungsblende ausübt, hängt von der Objektweite a ab. Die Bilder der Öffnungsblende werden objektseitig als *Eintrittspupille* (EP) und bildseitig als *Austrittspupille* (AP) bezeichnet. Pupillen können auch durch virtuelle Bilder oder durch die körperliche Öffnungsblende selbst gebildet werden. Sie begrenzen den objekt- bzw. bildseitigen Öffnungshalbwinkel u bzw. u' ebenso wie die Öffnungsblende, da sie deren Bilder sind. Als Flächen der Pupillen sind für genauere radiometrische Berechnungen Kappen von Kugeln um O bzw. O' zu verwenden.

Der objektseitige Öffnungswinkel $2u$ eines optischen Systems wird für typische Benutzungsbedingungen durch Angabe von Blendenzahl, Öffnungsverhältnis oder numerischer Apertur charakterisiert. Bei Photoobjektiven wird die *Blendenzahl*

$$k = f'/D_{EP} \tag{3.1}$$

verwendet, wobei D_{EP} der Durchmesser der EP für ein Objekt im Unendlichen ist. Der Kehrwert der Blendenzahl wird *Öffnungsverhältnis* oder *relative Öffnung* $K = 1/k$ genannt.

Für Objektweiten von der Größenordnung der Brennweite, wie sie bei Mikroskopobjektiven und Kondensoren auftreten, wird die *numerische Apertur*

$$A = n \sin u \tag{3.2}$$

verwendet.

Abb. 3.3. a) Die körperliche Blende ÖB legt für den axialen Objektpunkt bei O den Öffnungshalbwinkel u fest. Das objektseitige Strahlenbündel verläuft so, daß es die Eintrittspupille EP ausfüllt, die von dem (virtuellen) Bild der Öffnungsblende gebildet wird. Austrittspupille AP ist die Öffnungsblende selbst. Die Blende FB und die Linsenfassung haben bei der vorliegenden Objektweite keine den Öffnungswinkel begrenzende Funktion. b) Im gleichen System wie oben wirkt die körperlicheBlende FB als Feldblende. Sie bestimmt das Objektfeld, das vom axialen Punkt der Eintrittspupille EP aus unter dem Objektfeldhalbwinkel w sichtbar ist und bildet die Eintrittsluke EL. Ihr Bild wirkt als Austrittsluke AL und legt vom Zentrum der Austrittspupille AP aus den Bildfeldhalbwinkel w' fest. Die Feldblende gestattet nur von dem Gebiet zwischen den Objektpunkten B und C ein abschattungsfreies Bild $B'C'$. Vom Objektteil CD treten nicht alle Strahlen, die die Eintrittsluke EL durchsetzen, in die Eintrittspupille EP ein. c) Homozentrischer Verlauf der Strahlen zwischen zugeordneten Luken und Pupillen

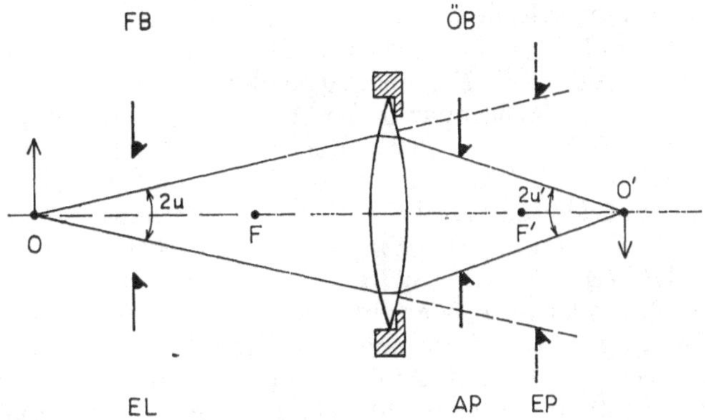

a)

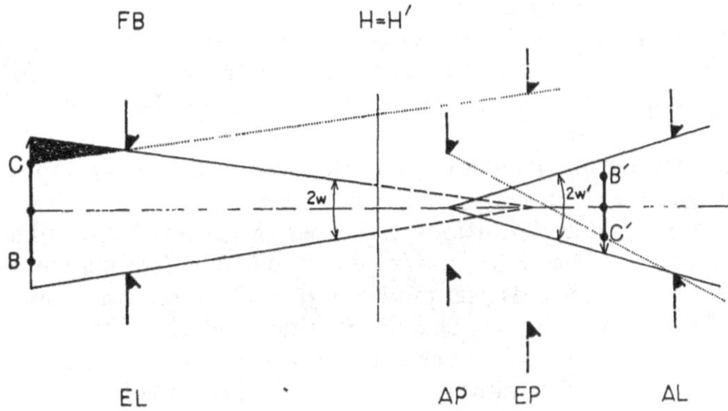

b)

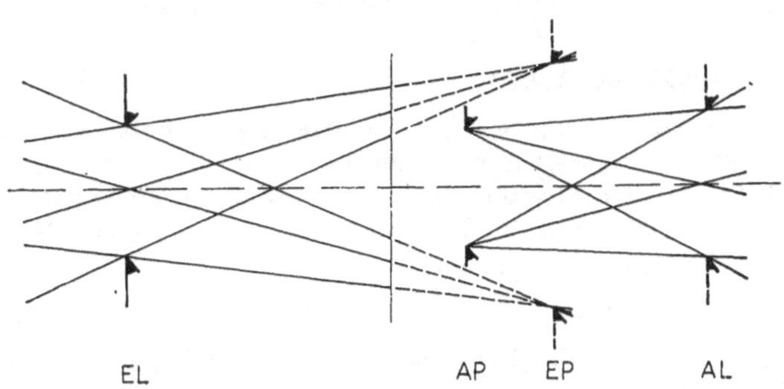

c)

Neben der Öffnungsblende ist die *Feldblende* oder Gesichtsfeldblende für die Bündelbegrenzung wichtig. Der objektseitige Feldhalbwinkel w wird durch die Begrenzung gebildet, die zuerst wirksam wird, wenn vom Achsenpunkt der *EP* aus der Winkel $2w$ vergrößert wird (Abb. 3.3b)). Ihm entspricht im Bildraum der bildseitige Feldhalbwinkel w', der von der Mitte der *AP* aus gemessen wird. Die Bilder der für die Feldbegrenzung maßgebenden körperlichen Blende heißen *Eintrittsluke* (*EL*) für den Objektraum und *Austrittsluke* (*AL*) für den Bildraum. Sie können die körperliche Blende selbst oder reelle oder virtuelle Bilder sein. Die Luken werden oft so aufgefaßt, daß sie dem jeweiligen Einsatz des Systems entsprechen, ohne daß dabei die potentiellen Möglichkeiten des optischen Systems ausgeschöpft sein müssen. Bei der Diaprojektion gilt beispielsweise das Bildfenster als *EL* des Abbildungsstrahlengangs, bei Beleuchtungssystemen die Wendelfläche der verwendeten Lampe.

Liegen die Luken nicht am Objekt- und Bildort, so bewirken sie unscharfe Abschattungen in den Randpartien des Bildes (Vignettierung). Sie übernehmen dann für die in den Halbschattenbereich fallende Strahlung zum Teil die leistungsbegrenzende Funktion der Öffnungsblende. Deshalb wird angestrebt, daß die *EL* am Objektort liegt.

Einen Vorteil der definitionsgespickten Pupillen- und Lukendiskussionen soll Abb. 3.3c) aufzeigen, in der der Strahlenverlauf zwischen Rand- und Achsenpunkten der Pupillen und Luken dargestellt ist. Man erkennt, daß die Strahlen zwischen *EL* und *EP* und zwischen *AP* und *AL* so verlaufen, wie es auch zwischen einem Strahler und einer bestrahlten Fläche der Fall ist, so daß sich die radiometrischen Verhältnisse leicht überblicken lassen, ohne daß die Strahlen innerhalb des Systems verfolgt werden müssen (s. 3.2.4.).

3.2.2. *Strahldichteerhaltung*

Für die einfachen Verhältnisse bei der paraxialen Abbildung durch eine Einzellinse läßt sich leicht einsehen, wie die Strahldichte L' im Bild mit der Strahldichte L im Objekt zusammenhängt. Der Strahlungsfluß Φ auf eine Linse der Fläche A_2 von einem Strahler der Fläche A_1 im Abstande a ist

$$\Phi = LA_1A_2/a^2. \qquad (3.3)$$

Da keine Energie in der Linse verlorengehen soll, hat auch der Fluß Φ', der auf das Bild mit der Fläche A_1' fällt, die gleiche

Größe: $\Phi' = L'A_2A_1'/a'^2$. Weil wegen des Strahlensatzes der Geometrie

$$A_1/A_1' = a^2/a'^2 \tag{3.4}$$

gilt, so folgt, daß $L = L'$ sein muß, d. h. Objekt und Bild haben gleiche Strahldichte. Liegen Objekt und Bild in verschiedenen Medien, so ergibt sich

$$L' = (n'/n)^2\, L\,. \tag{3.5}$$

Die Aussage gilt für die achsennahen Objekt- und Bildelemente in beliebigen verlustfreien optischen Systemen, die die ABBEsche Sinusbedingung erfüllen. Sie erlangt zusätzliches Gewicht, wenn man sie auf Pupillen und Luken anwendet. Da die *AP* das Bild der *EP* ist, strahlt die *AP* in die *AL* mit der Strahldichte, die in der *EP* herrscht. Für außeraxiale Bildelemente tritt eine Strahldichteabnahme auf, die bei LAMBERTschen Strahlern durch den Koeffizienten $\cos^4 w$ beschrieben wird.

Im Gegensatz zur Strahldichte kann die *Bestrahlungsstärke* beim Abbilden erhöht werden (um β'^{-2}), wenn der Abbildungsmaßstab β' eine verkleinerte Abbildung ergibt.

3.2.3. *Lichtleitwert*

Welche Strahlungsleistung Φ von einem Strahler zu einer von ihm bestrahlten Fläche gelangt, hängt offensichtlich mit den Strahlereigenschaften und den geometrischen Verhältnissen zusammen. Für ein infinitesimales Flächenelement $\mathrm{d}A_1$ eines Strahlers, das im Winkel ε_1 zu seiner Flächennormalen mit der Strahldichte L in den Raumwinkel $\mathrm{d}\Omega_1$ strahlt, gilt (Tab. 1.2)

$$\mathrm{d}^2\Phi = L\,\mathrm{d}A_1 \cos \varepsilon_1\, \mathrm{d}\Omega_1\,. \tag{3.6}$$

Der Strahlungsfluß, den ein homogener LAMBERTscher Flächenstrahler ($L = \mathrm{const}$) in den Raumwinkel Ω_1 abstrahlt, ist demnach

$$\Phi = G \cdot L \tag{3.7}$$

mit

$$G = \int\limits_{A_1} \int\limits_{\Omega_1} \mathrm{d}A_1 \cos \varepsilon_1\, \mathrm{d}\Omega_1\,. \tag{3.8}$$

Das Doppelintegral G enthält die Größen, die die geometrischen Verhältnisse charakterisieren, und wird deshalb als *geometrischer*

Fluß bezeichnet. Da beim verlustfreien Durchgang durch optische Systeme sowohl Φ als auch L erhalten bleiben, ist auch G eine Invariante. Bei unterschiedlichen Medien tritt anstatt der Invarianten G der *Lichtleitwert* oder *optische Fluß*

$$\Lambda = (n'/n)^2 G \tag{3.9}$$

als Invariante auf, was sich anhand der Veränderung von Ω beim Durchgang durch eine Grenzfläche aus dem Brechungsgesetz herleiten läßt. Mit der Bezeichnung Lichtleitwert wird auf die Analogie zum OHMschen Gesetz angespielt, bei dem ebenfalls Strom und Leitwert einander proportional sind. Da sehr oft der Fall $n = n'$ vorliegt, werden geometrischer Fluß und Lichtleitwert häufig synonym verwendet. Für kleine Strahlerflächen A_1 und Raumwinkel Ω_1 und nicht zu schräge Abstrahlungsrichtungen ($\cos \varepsilon_1 \approx 1$) vereinfacht sich Gl. (3.8) zu

$$G = A_1 \Omega_1. \tag{3.10}$$

Diese Näherung hat sich für die in der Praxis erforderlichen Abschätzungen bewährt. Für extreme Bedingungen und höhere Anforderungen sind Lösungen in [36] angegeben.

Wie man aus (3.7) sieht, bestimmt Λ bzw. G die Größe des Strahlungsflusses Φ und spielt damit für das erzielbare Signal-Rausch-Verhältnis eines Systems eine zentrale Rolle. Beim Aufbau von spektroskopischen Meßplätzen müssen die Lichtleitwerte Λ (bzw. G) der Baugruppen aneinander angepaßt werden. Die kritische Baugruppe, deren Lichtleitwert vom Anwender nicht vergrößert werden kann — meist der Spektralapparat, mitunter aber auch Quelle, Probe, Empfänger oder ein Engpaß im Strahlengang —, legt die Größe des Λ-Werts fest, der für die anderen Teile sinnvoll ist.

Mit dem Konzept des Lichtleitwerts lassen sich viele Probleme überblicken, deren Durchdringung sonst beträchtlichen Aufwand erfordert, z. B. die Anpassung von Strahlungsquelle, optischem System und Empfänger [36, 37]. Da die Strahlenbündel zwischen *EL* und *EP* homozentrisch sind (Abb. 3.3c)), beträgt der Strahlungsfluß zwischen ihnen nach (3.7) und (3.10)

$$\Phi = L\, A_{EL}\, A_{EP}\, \Omega_0 / r^2. \tag{3.11}$$

Er bleibt erhalten, bis er am Ende des Systems durch die *AP* auf die *AL* gestrahlt wird. Gl. (3.11) enthält aus Dimensionsgründen

den Einheitsraumwinkel Ω_0. Ein möglichst großes Öffnungsverhältnis allein genügt demnach nicht, um den maximalen Strahlungsfluß einzufangen, sondern die Größe der *EL* wirkt gleichberechtigt mit. Gl. (3.11) relativiert auch die Behauptung, daß die Strahldichte und nicht die Strahlstärke für den Strahlungsfluß durch ein optisches System (z. B. durch einen Monochromator) entscheidend sein soll. Solange die Strahlerfläche (oder ihr Bild) kleiner ist als die potentielle *EL* des optischen Systems, in der sie aufgestellt ist, bringt eine Vergrößerung der Strahlstärke einen Gewinn in Φ (selbst wenn eine kleinere Strahldichte verwendet wird). Füllt dagegen der Strahler bereits die mögliche *EL* des Systems aus, so bewirkt eine weitere Flächenvergrößerung des Strahlers keinen Gewinn mehr und die Strahldichte ist nun tatsächlich die entscheidende Größe für Φ.

3.2.4. *Wichtige Anwendungen*

Oft ist im Labor kein optisches System vorhanden, das den momentanen Anforderungen an den Objekt-Bild-Abstand und an den Öffnungswinkel genügt. Dann können zwei Systeme wie in Abb. 3.4 so aufgestellt werden, daß Objekt und Bild in den äußeren Brennpunkten liegen. Der Abbildungsmaßstab entspricht dem Brennweitenverhältnis. Das erste System bestimmt den Öffnungswinkel und das zweite den Feldwinkel. Mit wachsendem Abstand der Systeme verkleinert sich das Feld und damit die übertragene Strahlungsleistung, wenn der Strahler eine so große Fläche hat, daß die Feldblende zur Abschattung führt.

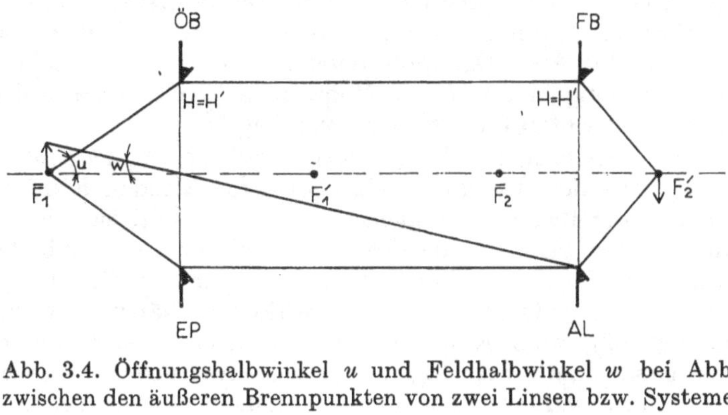

Abb. 3.4. Öffnungshalbwinkel u und Feldhalbwinkel w bei Abbildung zwischen den äußeren Brennpunkten von zwei Linsen bzw. Systemen

Paralleles Licht ist zwischen den Teilsystemen nur näherungsweise vorhanden. Die Strahlen von einem Punkte der Quelle sind zwar hinter dem ersten System untereinander parallel, aber die Parallelstrahlenbündel von verschiedenen Quellenpunkten sind gegeneinander geneigt. Die maximale Neigung entspricht $2w$, wenn die Quelle die Feldblende bildet. Benötigt man wegen vorgegebener Anforderungen an die Parallelität ein kleines w, so wird in $\bar{F}_1$ eine Lochblende mit entsprechendem Durchmesser aufgestellt und mit einer auf sie abgebildeten Quelle durchstrahlt.

Besteht die Aufgabe, den Strahlengang durch kleine *Löcher* zu fädeln, ohne daß es möglich ist, mit der Pupille oder Luke des Systems an das Loch ausreichend nah heranzukommen, so bildet man die Luke oder die Pupille in das Innere des Loches ab, je nachdem, ob ein großer Öffnungs- oder Feldwinkel gewünscht wird. Mitunter tritt das Problem auf, durch *enge Röhren* zu strahlen. Der Lichtleitwert der Röhre läßt sich voll ausnutzen, wenn man an das eine Ende eine Linse mit einer Öffnungsblende (bzw. AP) vom Rohrdurchmesser setzt und mit ihr eine (möglichst kreisförmige) Eintrittsluke so abbildet, daß deren Bild als Austrittsluke das andere Ende des Rohrs gerade ausfüllt. Der Strahlenköcher von Abb. 3.3c) hat dann die geforderte Zylinderform. Ist der Lichtleitwert dieser Anordnung noch zu klein, so muß der Abstand zwischen Austrittspupille und Austrittsluke verringert werden, um Φ in Gl. (3.11) zu vergrößern. Da hinter der Austrittsluke der Strahlenköcher die zylindrische Form verliert, wird nun in der Austrittsluke eine Feldlinse angeordnet, die die Austrittspupille im Maßstab 1 : 1 abbildet, wodurch ein weiteres Strahlenköcherstück mit Zylinderform zwischen der Austrittsluke und diesem Bild der Austrittspupille entsteht. Durch Wiederholung dieser Anordnung läßt sich das Rohrinnere in mehreren Teilen mit dem gewünschten Lichtleitwert ausfüllen.

An dieser Stelle soll auf das *vollständige optische Instrument* eingegangen werden. Es wird als eine Folge von Blenden definiert, bei der in jeder Blende eine solche Linse angebracht ist, die die Blende vor der Linse in die Blende hinter der Linse abbildet (Abb. 3.5). Die Blenden sind fortlaufend numeriert. Die Gruppe der Linsen in den geradzahligen Blenden wirkt unabhängig von den Linsen mit ungerader Nummer und umgekehrt. Jeder Linsengruppe kann eine unabhängige optische Aufgabe übertragen werden. Meist werden Beleuchtungs- und Abbildungsstrahlen-

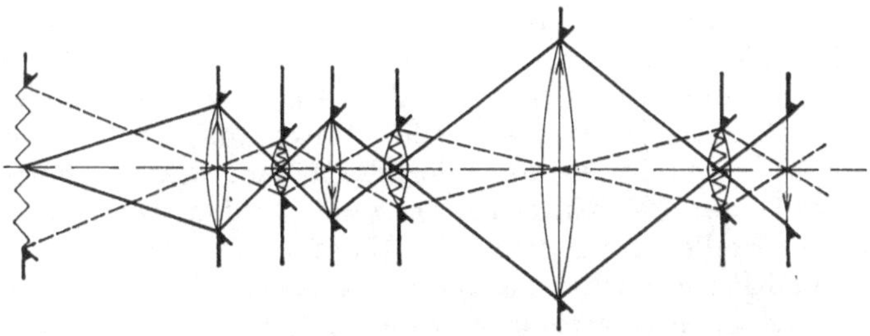

Abb. 3.5. *Vollständiges optisches System,* hier als *verflochtener* Strahlengang für Beleuchtung (ausgezogen) mit der Lampenwendel, und Abbildung (gestrichelt) des Pfeils

gang auf diese Weise zu einem *verflochtenen Strahlengang* vereinigt. Die Luken des Beleuchtungsstrahlengangs (1, 3, 5, 7) wirken dann gleichzeitig als Pupillen im Abbildungsstrahlengang, so daß die Funktion der Blende als Pupille oder Luke von ihrer Aufgabe abhängt. Öffnungs- und Feldwinkel von einem der beiden Strahlengänge können unabhängig voneinander verändert werden. Das wird z. B. bei dem KÖHLERschen Prinzip für die Mikroskopbeleuchtung benutzt, bei dem mit der Linse 3 in der Austrittsluke des Beleuchtungsstrahlengangs dessen Öffnungsblende 2 in das Mikroskopobjektfeld 4 abgebildet wird. Zugleich wird erreicht, daß Strahldichteunterschiede innerhalb der Lampenfläche nicht stören, da die gleichmäßig ausgeleuchtete Öffnungsblende 2 abgebildet wird. Analog kann der Spalt eines Monochromators oder ein Empfänger gleichmäßig beleuchtet werden, wenn sie z. B. am Ort der Blende 4 bezüglich der ungleichmäßig strahlenden Quelle in 1 angeordnet werden. Bei der praktischen Verwirklichung des Prinzips des vollständigen optischen Instruments sind oft anstatt der Linsen kompliziertere Abbildungssysteme erforderlich, und die zugehörige Blende kann nur noch in der Nähe des idealen Aufstellungsortes angebracht werden.

Festkörperspektroskopische Untersuchungen erfordern meist keinen verflochtenen Strahlengang. Bei Absorptionsmessungen wird oft die Strahlerfläche als Eintrittsluke 1 des Beleuchtungsstrahlengangs direkt auf die Probe 3 abgebildet, und mit der durchgelassenen Strahlung wird durch eine weitere Linse 4 ein

Bild der Probe auf dem Eintrittsspalt 5 des Monochromators erzeugt. Der Eintrittsspalt wird — wie in Abb. 4.1 dargestellt — von der Monochromatoroptik 6 auf den Austrittsspalt 7 abgebildet. Der Empfänger kann entweder direkt hinter dem Austrittsspalt 7 aufgestellt werden oder durch eine weitere Fortführung der Linsen-Blenden-Reihe bestrahlt werden. Die Linsen in 3, 5 und 7 entfallen. Da konstruktive Einschränkungen zwischen Strahler 1 und Probe 3 selten auftreten, ergibt sich als wesentliche Frage, wie die *Spaltbeleuchtung* vorzunehmen ist. Normalerweise wird Wert darauf gelegt, den Monochromator-Lichtleitwert voll auszunutzen, der nach Gl. (3.10) durch das Produkt aus der Fläche des Eintrittsspalts 5 und dem Raumwinkel Ω_K der Kollimatoroptik 6 festgelegt ist. Dazu muß der Spaltbeleuchtungskondensor 4 so beschaffen sein, daß erstens seine Austrittspupille vom Spalt aus den Raumwinkel Ω_K ausfüllt und daß zweitens die Austrittsluke des Kondensors — also das Bild der durchstrahlten Probenfläche — den Eintrittsspalt 5 bedeckt. Der Mangel dieses nicht verflochtenen Strahlengangs besteht darin, daß von der Blende 3 kein scharfes Bild in der Öffnungsblende 6 des Monochromators entworfen wird, sondern daß dort Halbschattenbereiche auftreten. Das führt dazu, daß entweder Streulicht entsteht, wenn Strahlung im Monochromator neben 6 vorbeifällt, oder daß bei der Abhilfe dagegen durch Verkleinerung von 4 Strahlungsverluste auftreten. Ein verflochtener Strahlengang, bei dem mit einer Feldlinse unmittelbar vor dem Eintrittsspalt 5 die Austrittspupille des Kondensors 4 auf den Kollimator scharf abgebildet wird, vermeidet diese Nachteile. Leider läßt sich hierfür keine Spiegeloptik einsetzen.

Um Lichtstromschwankungen zu reduzieren, die durch das Springen von Lichtbögen u. ä. Erscheinungen in Gasentladungslampen auftreten, sind viele Verbesserungen dieser Spaltbeleuchtungsanordnungen entwickelt worden. So kann anstatt des Strahlers die von ihm ausgeleuchtete Pupille des Beleuchtungskondensors auf dem Spalt verflochten abgebildet werden, analog zum KÖHLERschen Prinzip der Mikroskopbeleuchtung. Dadurch entsteht das Quellenbild (oder der Schattenwurf durch den Spalt davon, wenn vor dem Spalt keine Linse verwendet wird) auf der Kollimatoroptik, die wegen ihrer Form weniger empfindlich gegen ein Springen des Bogens ist als ein Spalt. Wesentliche Verbesserungen ergeben sich durch Einfügen von Linsenrasterplatten in den Kondensor. Hierbei wird der Kollimator mit vielen kleinen

Bildchen der Quelle ausgeleuchtet, und Bestrahlungsstärkeumverteilungen im Einzelbildchen beeinträchtigen den Gesamtlichtstrom nur noch geringfügig. Auch kann der Astigmatismus von zwei sphärischen Beleuchtungsspiegeln geschickt ausgenutzt werden, um das Strahler„bild" so zu verformen, daß die Wanderbewegungen in der unkritischen Längsausdehnung des Spalts stattfinden [38]. Rastersysteme spielen auch bei der Überwindung des Formunterschiedes zwischen Spalt und den meist runden Blenden des Beleuchtungsstrahlengangs eine Rolle [39]. Die Formtransformation, ohne die insbesondere lange Spalte Schwierigkeiten bei der Ausleuchtung bereiten, wird außerdem auch mit Bildzerteilern aus Spiegelsystemen [40], faseroptischen Formwandlern, Zylinderlinsen oder asphärischen Spiegeln bewerkstelligt, die meist als Zubehör zu den Monochromatoren gefertigt werden.

Anhand von Abb. 3.5 kann man sich klarmachen, an welchen Stellen im Strahlengang *optisch fehlerhafte Materialien* das Bild am wenigsten stören, wenn sie die Strahlung teilweise aufhalten (Amplitudenobjekte) oder die Phase beeinträchtigen (Phasenobjekte). Ein klarer, optisch inhomogener Kristall als Phasenobjekt wird in der Nähe einer Luke am günstigsten untergebracht, ein Amplitudenobjekt (Kristall mit undurchlässigen Einschlüssen) in einer Pupille. Unerwünschte Lumineszenz der Probe oder eines Filters stört bei Aufstellung in einer Pupille am wenigsten.

3.3. *Leistungsgrenzen von Abbildungssystemen* [Z 3, Z 20—Z 22]

Das Leistungsvermögen von Abbildungssystemen wird begrenzt durch die physikalisch unumgänglichen Beugungserscheinungen und durch die Abbildungsfehler.

Wichtige *Abbildungsfehler* treten bereits bei monochromatischer Strahlung auf, wenn der paraxiale Bereich dadurch verlassen wird, daß zu große Öffnungswinkel bei der Abbildung eines axialen Objekts benutzt werden (Öffnungsfehler oder sphärische Aberration), oder wenn Objektpunkte aus dem paraxialen Raum herausragen (bei engen Bündeln: Astigmatismus, bei Bündeln mit großem Öffnungswinkel: Koma). Wenn mehrere Wellenlängen Verwendung finden, kommt bei Linsen noch der Farbfehler oder die chromatische Aberration hinzu. Durch den Aufbau von Abbildungssystemen aus mehreren Linsen oder Spiegeln lassen sich die

Fehler reduzieren. Die Abbildungsfehler führen dazu, daß ein Objektpunkt als Zerstreuungsfigur wiedergegeben wird. Die praktische Leistungsfähigkeit läßt sich für einfachste Belange durch die Größe des Unschärfekreises oder die Anzahl der pro mm im Bilde noch mit einem bestimmten *Kontrast* aufgelösten Linien charakterisieren. Als Kontrast $\varkappa$ verwendet man den Quotienten

$$\varkappa = (E_{\max} - E_{\min})/(E_{\max} + E_{\min}), \tag{3.12}$$

der die maximale und minimale Bestrahlungsstärke, $E_{\max}$ bzw. $E_{\min}$, in der Bildebene enthält. Genauere Aussagen liefert die optische Übertragungsfunktion, mit der auch der Kohärenzgrad der Objektbeleuchtung berücksichtigt werden kann [Z. 21].

Ein System ohne Abbildungsfehler liefert von einem beliebig kleinen Objekt kein beliebig kleines Bild, sondern eine Beugungsfigur. Sie entsteht hauptsächlich durch die Beugung an der Öffnungsblende (s. 3.2.1.). Bei einer kreisförmigen Eintrittspupille mit dem Durchmesser D_{EP}, ergibt sich als Beugungsfigur ein konzentrisches Ringsystem mit nach außen schnell abnehmender Bestrahlungsstärke (Abb. 3.6). Auf das zentrale Maximum des Ringsystems, das vom ersten dunklen Ring mit dem Radius

$$r_{\mathrm{B}} = 1{,}22\,\lambda f'/D_{\mathrm{EP}} \tag{3.13}$$

umschlossen wird, entfallen 84% des Strahlungsflusses. Bei kohärenter Beleuchtung oder nicht kreisförmigen Blenden ändert sich der Wert von r_{B} geringfügig. Als Faustregel für sichtbare Wellenlängen kann man sich einprägen, daß der Durchmesser des Beugungsscheibchens ungefähr die Größe in µm hat, die der Zahlenwert der Blendenzahl k in Gl. (3.1) angibt.

Die Bilder zweier Punkte werden nach dem RAYLEIGHschen *Auflösungskriterium* als aufgelöst bezeichnet, wenn die Zentralmaxima ihrer Beugungsfiguren einen solchen Abstand haben, daß sie gerade in das erste Minimum der Nachbarfigur fallen, ihr Abstand also r_{B} beträgt (Abb. 3.6). Die Eindellung hat dann eine Tiefe von rund 20%. Dieses Kriterium ist eine Absprache, um theoretisch gewonnene Werte des Auflösungsvermögens beugungsbegrenzter optischer Geräte miteinander zu vergleichen, z. B. verschiedene Prinzipien von Spektralgeräten. Es entspricht nur grob der tatsächlichen getrennten Wahrnehmbarkeit von beispielsweise zwei Spektrallinien in einem Spektrum. Zwei schwache Linien werden bekanntlich kaum erkannt, wenn sie symmetrisch zum Maximum auf den Flanken einer starken Linie

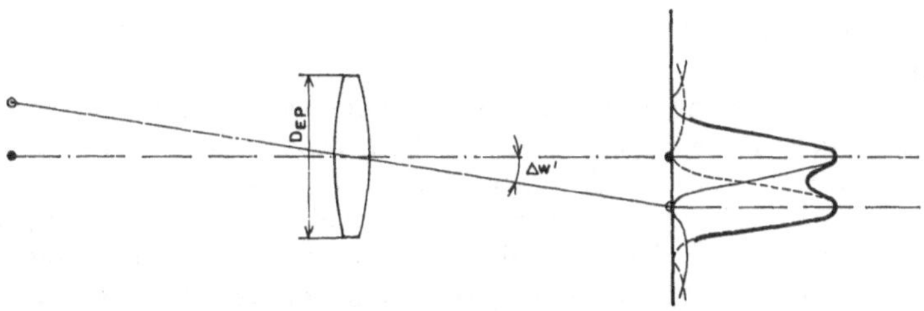

Abb. 3.6. Schematische Darstellung der Bestrahlungsstärkeverteilung in der Bildebene für die Beugungsfiguren von zwei Objektpunkten, die nach RAYLEIGH gerade noch aufgelöst werden

liegen, während andrerseits durch Differentiation von Spektren (s. 7.3.) noch Details zum Vorschein kommen, die weit unterhalb der RAYLEIGH-Grenze liegen.

Nach dem SPARROW-*Kriterium* liegt die Auflösungsgrenze vor, wenn die Eindellung zwischen den Maxima zweier Linien gerade verschwindet, also gerade noch eine horizontale Tangente zwischen ihnen auftritt. Dieses Kriterium läßt sich auch praktisch auf Linien anwenden, die verschiedene Intensitäten aufweisen oder deren Halbwertsbreite $\Delta\lambda_{1/2}$ nicht durch Beugung bedingt ist. Offensichtlich entspricht diesem Kriterium, daß der Abstand gleicher Linien gerade $\Delta\lambda_{1/2}$ beträgt.

In sehr vielen Fällen lassen sich für den Aufbau spektroskopischer Meßplätze kommerzielle Abbildungssysteme oder ihre Bestandteile übernehmen. Dabei muß beachtet werden, daß außer den Öffnungs- und Feldwinkeln (s. 3.2.) auch die für den ursprünglichen Einsatz vorgesehenen Schnittweiten (Objekt- bzw. Bildweite) eingehalten werden. Für den darüber hinausgehenden Entwurf optischer Systeme existiert eine umfangreiche Literatur, jedoch darf die Rolle der Erfahrung für den Erfolg auf diesem Gebiet nicht unterschätzt werden.

Oft sind *Einzellinsen* zur Abbildung ausreichend, wenn eine Blendenzahl k über 10 und Bildfelder von der Größe des Linsendurchmessers genügen. Mit „Linsen bester Form", deren Radienverhältnis r_1/r_2 den Schnittweiten angepaßt ist, kann der Öffnungsfehler reduziert werden. Für $-a = \infty$ ist der Optimalwert bei Glas $-r_2/r_1 = 6:1$. Der Unterschied im Öffnungsfehler zwischen der optimal durchbogenen Linse und einer Plankonvexlinse ist nur geringfügig, so daß Glasplankonvexlinsen für die Abbildung mit sehr unterschiedlichen Schnittweiten ausreichen. Die Linse ist so aufzustellen, daß die Seite mit der stärker gekrümmten Fläche zur größeren Schnittweite zeigt. Für annähernd gleiche Schnittweiten können zwei Plankonvexlinsen so kombiniert werden, daß zwischen ihnen ein telezentrischer Strahlengang auftritt, wodurch jede der beiden Linsen mit günstigen Schnittweiten benutzt wird (s. Abb. 3.4). Der Abbildungsmaßstab ergibt sich aus dem Verhältnis der Brennweiten. Die optimale Durchbiegung hängt von der Brechzahl n ab und gestattet bei größeren n-Werten eine bedeutend bessere Korrektur des Öffnungsfeldes als für Glas.

Aplanatische Menisken haben für spezielle Schnittweiten keinen Öffnungsfehler. Allerdings ist das Bild dabei virtuell, so daß sie i. allg. nur als Zusatzlinsen in Frage kommen.

Mit *asphärischen Einzellinsen* können im Vergleich zu sphärischen Linsen etwa die doppelten Öffnungsverhältnisse bei gleicher Öffnungsfehlergröße erzielt werden. Sie sind in vielen kommerziellen Beleuchtungseinrichtungen zu finden.

Die Korrektur des Farbfehlers wird für zwei oder drei Wellenlängen durchgeführt (Achromate bzw. Apochromate). Als Achromate für kleine Feldwinkel eignen sich Fernglasobjektive. Für die Abbildung größerer Felder muß auf Photoobjektive zurückgegriffen werden, deren brauchbarer Feldwinkel sich aus Bildformat und Brennweite ergibt. Oft reichen Schmalfilmobjektive aus. Von ihnen ist bei einem Kontrast $\varkappa = 0{,}3$ eine Auflösung von 50 Linien/mm zu erwarten, die bei Kleinbildobjektiven 30 L/mm und bei Fernsehkameraobjektiven 20 L/mm beträgt. Luftbildobjektive lösen noch 100 L/mm ($\varkappa = 0{,}2$) und mono- oder bichromatische Objektive für die Photolithographie sogar 500 bis 1500 L/mm bei $\varkappa = 0{,}5$ auf. Photo- und Fernrohrobjektive sind für weitentfernte Objekte korrigiert. Für Abbildungsmaßstäbe nahe 1 müssen sie paarweise eingesetzt werden, wie oben bei den Plankonvexlinsen besprochen. Auf Mikroskopobjektiven wird die vorgeschriebene (Zwischen-)Bildweite angegeben. Von ihnen gibt es — wie bei den Photo- und Fernrohrobjektiven — auch Spiegelausführungen.

Sphärische *Hohlspiegel* sind farbfehlerfrei und haben einen geringeren Öffnungsfehler als Glaslinsen bester Form. In Tab. 3.2 sind Orientierungswerte für die Leistungen von Spiegeln im Vergleich zu Linsen angegeben. Man sieht dort, daß beim sphärischen Hohlspiegel Astigmatismus und Koma verschwinden, wenn die Öffnungsblende konzentrisch zum Krümmungsmittel-

Tabelle 3.2
Zerstreuungskreisdurchmesser (im Bogenmaß) bei Abbildung eines weitentfernten Objektpunktes [Z 3]

	Glaslinse bester Form	Sphärischer Hohlspiegel	Parabolspiegel
Öffnungsfehler	$0{,}07/k^3$	$0{,}008/k^3$	0
Astigmatismus	$\frac{w^2}{2k}$	$\frac{(p-r)^2 w^2}{2r^2 k}$	$\frac{(p+f)^2 w^2}{2f^2 k}$
Koma (sagittal)	$\frac{w}{56k^2}$	$\frac{(p-r)\, w}{16rk^2}$	$\frac{w}{16k^2}$

k — Blendenzahl; w — Objektfeldwinkel; r — Krümmungsradius; f — Brennweite; p — Abstand der Öffnungsblende vom Scheitel

punkt angebracht wird. Die verbleibende sphärische Aberration läßt sich durch eine SCHMIDT-Platte oder eine Vorlinse weiter reduzieren, die allerdings den Wellenlängenbereich einschränken.

Die Abbildungsfehler durch außeraxiale Benutzung von sphärischen Spiegeln können teilweise kompensiert werden, wenn zwei gleiche Spiegel benutzt werden und die optische Achse dabei z-förmig gefaltet ist (s. auch Abb. 4.10a). Hilfsspiegel (kleine axiale oder große axial durchbohrte Planspiegel) ermöglichen achsenzentrische Strahlengänge bei Hohlspiegeln, vergrößern aber die Anzahl der Reflexionen.

Rotationsparaboloide machen vom Brennpunkt ausgehende Strahlen gemäß der Parabeleigenschaft achsenparallel. Für ausgedehnte Objekte ist der *Parabolspiegel* aber ein schlechterer Kollimator als der Kugelspiegel, da die Koma (Tab. 3.2) beträchtlich ist und die Sinusbedingung prinzipiell nicht erfüllt wird. Ein elliptischer Spiegel bildet seine beiden Brennpunkte aufeinander ohne sphärische Aberration ab. Auch bei ihm werden die Fehler für ausgedehnte Objekte groß, und gegen die Sinusbedingung wird verstoßen.

Strahler und Empfänger, die einschließlich ihrer oft voluminösen Halterung im Brennpunkt von Hohlspiegeln angebracht sind, führen durch Abschattungen zu Strahlungsflußeinbußen. Durch Verwendung eines nichtaxialen Abschnitts des Spiegels

(Abb. 3.7) können achsenferne Objektlagen vermieden werden, die große Aberrationen verursachen würden [41]. Der Fertigungsaufwand für asphärische Spiegel von Beleuchtungssystemen kann relativ niedrig gehalten werden [42, 43].

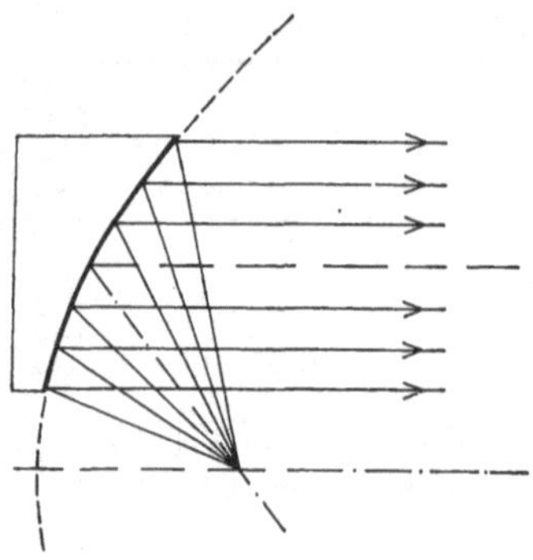

Abb. 3.7. Strahlverlauf bei einem außeraxialen Parabolspiegelabschnitt

3.4. *Lichtleiter*

Wellenleiter besitzen im Gegensatz zu Lichtleitern nur im FIR für die Festkörperspektroskopie Bedeutung. Bei Lichtleitern wird die Strahlung durch vielmalige Totalreflexion an der Oberfläche des zylindrischen Kerns einer lichtleitenden Faser von einem Ende zum anderen geleitet [44]. Der nutzbare Öffnungshalbwinkel u wird durch den Grenzwinkel der Totalreflexion bestimmt, der sich aus dem Verhältnis der Brechzahlen des Kerns und seines Mantels ergibt. Typische Werte für Lichtleiter, die zur Beleuchtung ausgelegt sind, betragen $u = 35°$. Die Durchmesser der Einzelfasern liegen oberhalb von 30 μm bei Glas und von 200 μm für Kunststoff. Die Fasern werden in äußerlich geschützten Bündeln zusammengefaßt, die flexibel sind. Sie ermöglichen, die Strahlung an schlecht zugängliche oder bewegte Objekte zu führen, und werden dann auch als *Optroden* bezeichnet. Die beiden Enden eines Bündels können sich in der Form unterscheiden (Querschnittsformwandler). Der Transmissionsbereich, der für übliche Glasfasern zwischen 450 und 1300 nm liegt, kann durch andere Materialien ins UV oder IR ausgedehnt werden [44, 45, Z 23]. Verluste im Strahlungsfluß von mehr als 30% sind bei Faserbündeln unvermeidbar, da die Eintrittsfläche auch bei dichtester Packung der Fasern stets die nichtleitenden Mantelquerschnitte mit enthält.

Als Lichtleiter werden im Labor auch kurze, gut polierte Rundstäbe aus Materialien mit dem gewünschten Transmissionsgebiet eingesetzt. Sie lassen sich auch zur Homogenisierung der Bestrahlungsstärke verwenden [46]. Mit konischen Lichtleitern oder Metalltrichtern kann der Öffnungswinkel bzw. die Querschnittsfläche eines Strahlenbündels verändert werden. Sie leisten gute Dienste bei der Strahlungskonzentration auf kleine Empfängerflächen und ähnlichen Querschnittsveränderungen [44, 47].

3.5. Materialien [Z 3, Z 23—Z 25]

Der *Transmissionsbereich* von festen Materialien wird im Kurzwelligen durch die Grundgitterabsorption und im IR durch Gitter- oder Molekülschwingungsspektren eingeschränkt.

Von *optischen Gläsern,* die keinen Farbstich erkennen lassen, kann man zwischen 360 nm und 2,2 μm einen Transmissionsgrad $\tau > 0{,}8$ erwarten. Mit speziellen Glaszusammensetzungen lassen sich die Grenzen des Transmissionsbereichs entweder bis zu 220 nm oder bis zu 6 μm erweitern. Für optisches *Quarzglas* erstreckt sich der Bereich von 260 nm bis 3,5 μm für eine Dicke von 10 mm und $\tau(\lambda) \geqq 0{,}2$. Die UV-Qualitäten von Quarzglas erreichen $\tau = 0{,}2$ bereits bei 170 nm, die IR-Qualitäten noch bei 3,8 μm. Optische Plastwerkstoffe (Methacrylat; Polystyrol) sind normalerweise mindestens von 400 nm bis 1,6 μm durchlässig, wobei im NIR starke Banden auftreten und oft ein stark strukturiertes Durchlässigkeitsgebiet bis 2,2 μm existiert.

Abb. 3.8 gibt einen Überblick über das Transmissionsvermögen wichtiger Materialien. Von den Festkörpern läßt LiF mit 104 nm die kürzeste Wellenlänge durch. Die kurzwellige Flanke des Transmissionsgebiets der Stoffe läßt sich durch kleinere Dicken nur geringfügig verschieben, da die Grundgitterabsorption sehr steil mit fallender Wellenlänge ansteigt. Bei 77 K ist die Kante i. allg. um ca. 10% gegenüber Zimmertemperatur verschoben und steiler. Die schwächeren Schwingungsabsorptionen im IR erlauben eine Erweiterung des Transmissionsgebiets durch Dickenverringerung. Verunreinigungen führen häufig zu zusätzlichen Absorptionen. Auch die Absorption der Luft schränkt den Spektralbereich ein. Die Grenze durch Ionisierung von O_2 bei 185 nm läßt sich durch Argon im Strahlengang ausdehnen. Die von der Konzentration abhängigen Absorptionsbanden des Wasserdampfes und des CO_2 im IR-Bereich werden meist durch Spülen mit getrocknetem Stickstoff beseitigt.

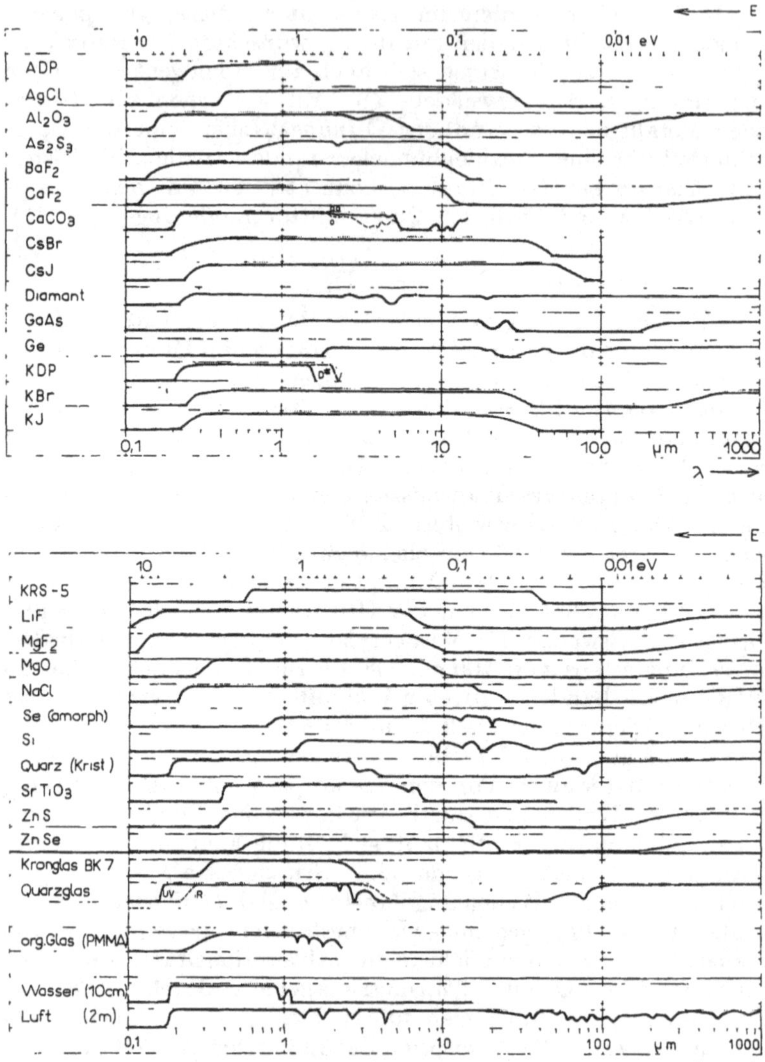

Abb. 3.8. Transmissionsvermögen $\tau(\lambda)$ optischer Materialien bei einer Dicke von 1 mm ($CaCO_3$: *ao* – außerordentlicher Strahl; KDP: D^* – deuteriertes KDP; Quarzglas: UV- bzw. IR-Qualität)

Der Aufwand für einen Meßplatz steigt bereits bei Ausdehnung vom Glas- auf den Quarzbereich. Im IR werden häufig die billigen Alkalihalogenide eingesetzt, insbesondere NaCl und KBr. Zerstörungen der optischen Oberflächen infolge der Hygroskopie dieser Materialien werden durch Trocknen der Umgebungsatmosphäre oder Überzüge aus dünnen Kunststoffolien verhindert. Anspruchsvollere IR-Systeme werden bevorzugt aus nichthygroskopischen Materialien wie Ge, Si, Al_2O_3, ZnS, ZnSe, KRS-5, MgO hergestellt. Die große Brechzahl vieler IR-Materialien bedingt ein hohes Reflexionsvermögen, so daß Antireflexbeläge erforderlich werden, wenn man nicht gerade mit linear polarisiertem Licht unter dem Brewster-Winkel arbeiten kann.

Die Wellenlängenabhängigkeit des Reflexionsgrades ϱ von *metallischen Spiegelbelägen* ist weitgehend unkritisch. Die Probleme liegen in der Dauerhaftigkeit, der kurzwelligen Grenze und einem möglichst hohen Wert des Reflexionsgrades $\varrho(\lambda)$ [Z 23]. Weite Verbreitung haben Al-Beläge mit Cr-Unterlage gefunden, die langzeitig einen hohen Reflexionsgrad behalten, wenn sie mit Schutzschichten vor Veränderungen durch Strahlung und Umgebungseinflüsse geschützt werden. Für den Bereich zwischen 300 nm und 20 µm wird SiO als Überzug aufgedampft, wobei $\varrho = 0{,}7-0{,}9$ erzielt wird. MgF_2-Überzüge sind bis 120 nm herab brauchbar; LiF-Überzüge bis 100 nm, sind aber feuchtigkeitsempfindlich. Mit der Dicke der Beläge und der Schichtanzahl läßt sich ϱ für kleinere Wellenlängenbereiche optimieren. Goldschichten weisen oberhalb von 900 nm einen sehr hohen Reflexionsgrad auf ($> 95\%$) und sind für IR-Spiegel typisch. Im VUV haben sich Schichten aus Pt, Os oder Au bewährt. Für photoelektrische Messungen sind *transparente Schichten mit elektrischer Leitfähigkeit* wichtig. Sie werden für das VIS aus Indium-Zinn-Oxid hergestellt [48].

4. Spektrale Analyse

Im einfachsten Fall wird ein Spektrum dadurch aufgenommen, daß die Spektralintervalle nacheinander eingestellt und die Ordinatenwerte $Y(\lambda)$ bestimmt werden. Für Bestrahlungsmethoden wird dazu die Strahlung einer intensiven polychromatischen Quelle mit einem Monochromator oder mit Filtern zerlegt oder ein durchstimmbarer Laser verwendet. Bei Beobachtungsmethoden trifft den Empfänger der vom Monochromator oder von Filtern analysierte Strahlungsfluß. Für die letzte Methodengruppe sind Multiplexverfahren (optische Vielkanalanalysatoren, HADAMARD- und FOURIER-Spektrometer) dem Durchstimmen eines Monochromators überlegen.

4.1. *Monochromatoren und Polychromatoren* [Z 27—Z 29]

4.1.1. *Allgemeines*

Abb. 4.1 zeigt das Prinzip eines *Monochromators.* Die abbildenden Elemente (Kollimatoroptik *K* und Fokussierungsoptik *F*) bilden den Eintrittsspalt in der Austrittsspaltebene ab. Tritt durch den Eintrittsspalt Strahlung ein, die mehrere Wellenlängen enthält, so entsteht für jede Wellenlänge in der Austrittsspaltebene ein Bild des Eintrittsspalts in Form einer Linie, da die verschiedenen Wellenlängen vom Dispersor (Prisma oder Gitter) unterschiedlich stark abgelenkt werden. Durch Drehen des Dispersors läßt sich diejenige Wellenlänge λ_0 wählen und durchstimmen, die durch die Mitte des Austrittsspalts hindurchtritt. Um die Mittenwellenlänge λ_0 herum wird ein Spektralintervall durchgelassen, dessen Breite durch die Spaltbreiten b_1, b_2 eingestellt werden kann.

Im Unterschied zu den Monochromatoren fehlt den *Polychromatoren* der Austrittsspalt. An seiner Stelle ist eine ausgedehnte

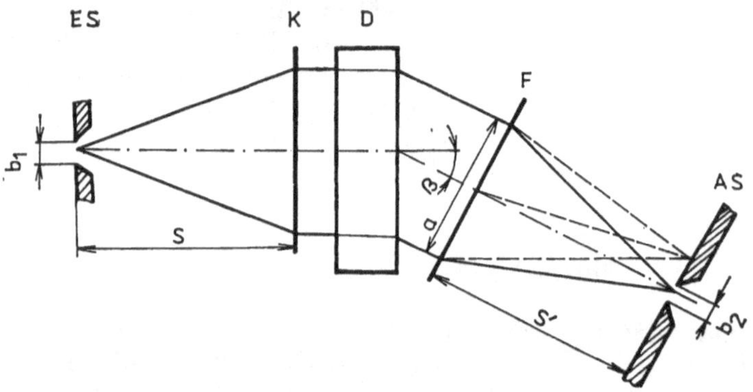

Abb. 4.1. Monochromatorprinzip (Schnitt senkrecht zu den Spalten). *ES* — Eintrittsspalt der Breite b_1; *K* — Kollimatoroptik; *D* — Dispersor; *F* — Fokussierungs- oder Kameraoptik; *AS* — Austrittsspalt der Breite b_2; *a* — Aperturbreite (vgl. auch Abb. 4.10)

ortsauflösende Empfängeranordnung angebracht, die die verschiedenen Wellenlängen des Spektrums gleichzeitig empfängt. Wegen der festliegenden Abmessungen der Empfängerelemente läßt sich die Größe der Spektralintervalle nur durch Auswechseln der Dispersoren verkleinern. Eine ältere Form des Polychromators ist der Spektrograph, mit dem die Spektren auf Photoplatten aufgenommen werden. Da sich das Empfangselement in einem Polychromator und ein gleich großer Austrittsspalt eines Monochromators in den folgenden Betrachtungen gegeneinander austauschen lassen, wird stellvertretend der Monochromator behandelt. Die Spalte seien vorerst so weit geöffnet, daß Abbildungsfehler und Beugung keine Rolle spielen.

Die Spreizung des Spektrums in der Austrittsspaltebene wird durch die *Lineardispersion*

$$D_\mathrm{l} = \mathrm{d}x/\mathrm{d}\lambda = s'\partial\beta/\partial\lambda = s'D_\mathrm{w} \tag{4.1}$$

charakterisiert. Sie hängt also von der Bildweite s' der Fokussierungsoptik F, die meist gleich der Brennweite ist, und von der *Winkeldispersion* $D_\mathrm{w} = \partial\beta/\partial\lambda$ des Dispersors ab. Anstatt der Lineardispersion wird oft der bez. Gl. (4.2) bequeme Kehrwert in nm/mm angegeben und in umgangssprachlicher Verkürzung als Lineardispersion bezeichnet.

Ist der Austrittsspalt gerade so breit geöffnet, daß ihn das Bild des Eintrittsspalts für die Mittenwellenlänge λ_0 ausfüllt, so ist die spektrale *Durchlaßcharakteristik* oder *Spaltfunktion* dreieckförmig, denn von den Nachbarwellenlängen λ wird ein der Differenz $\lambda - \lambda_0$ proportionaler Teil der Bildfläche ausgeblendet (Abb. 4.2). Die Halbwertsbreite $\Delta\lambda_{1/2}$ des durchgelassenen Spektralintervalls beträgt

$$\Delta\lambda_{1/2} = b_2/D_\mathrm{l}\,. \tag{4.2}$$

Sie wird auch als *spektrale Spaltbreite* bezeichnet. Die Bezeichnung *optische Bandbreite* wird nicht einheitlich verwendet.

Die Einstellung des Austrittsspalts auf die Breite b_1' des Bildes des monochromatisch beleuchteten Eintrittsspalts ist die günstigste. Bei kleinerem b_2 wird Strahlungsfluß verschwendet ohne Gewinn an Auflösung; bei größerem b_2 wird ein breiteres Spektralintervall $\Delta\lambda_{1/2}$ durchgelassen, ohne daß der Strahlungsfluß die Größe erreicht, die man bei konjugierten Spalten $b_2 = b_1'$ erhalten könnte. Die exakte Form der Spaltfunkion [49—51] wird in der Praxis selten bestimmt. Meist begnügt man sich damit,

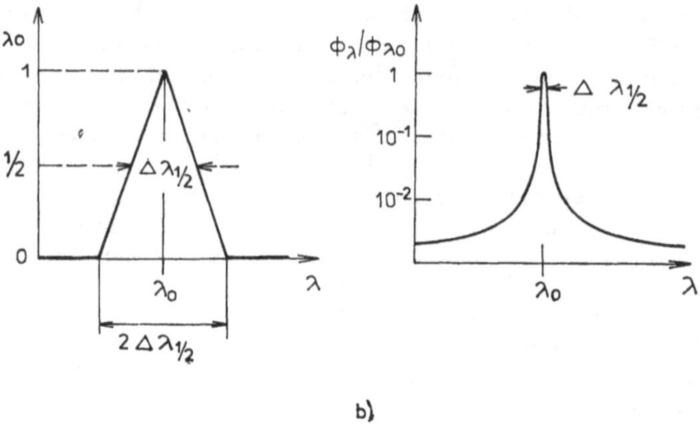

Abb. 4.2. Spaltfunktion. a) Idealisierte, dreieckförmige Spaltfunktion: $\Delta\lambda_{1/2}$ – Halbwertsbreite oder spektrale Spaltbreite; b) reale Spaltfunktion eines Einfachmonochromators mit logarithmischer Ordinatenverteilung

den dreieck- bis glockenförmigen Durchlaßbereich durch Werte wie die Halbwertsbreite, Zehntelwertsbreite etc. zu charakterisieren, was bei der Untersuchung von spektralen Strukturen mit Breiten $> 5\,\Delta\lambda_{1/2}$ meist ausreicht. Bei Linien mit Breiten von $10\,\Delta\lambda_{1/2}$ liegt der Fehler bei 1%. Der Fußbereich der Durchlaßkurve, von dem der Streulichtanteil abhängt, wird nur selten spezifiziert, da in ihn die Betriebsbedingungen und der Gerätezustand stark eingehen (s. u.).

Der *Strahlungsfluß*, der hinter dem Austrittsspalt eines Monochromators zur Verfügung steht, kann aus der Strahldichte am Eintrittsspalt, dem Lichtleitwert und einem Faktor $\tau_K(\lambda)$ bestimmt werden, in dem die Verluste in den Komponenten zusammengefaßt werden. Die Bündelbegrenzung in einem nach dem Schema in Abb. 4.1 aufgebauten Monochromator ist in Zusammenhang mit Abb. 3.5 erläutert worden. Von der anamorphotischen Wirkung des Dispersors wird (wie oben) abgesehen und außerdem der häufige Fall $s = s' = f$ gewählt. Die Fläche A der Öffnungsblende und Eintrittspupille ist durch die Aperturbreite a und die Höhe des Dispersors festgelegt. Die Fläche der Eintrittsluke, als die der Eintrittsspalt mit der Höhe h wirkt, beträgt $h \cdot b$. Der geometrische Fluß ergibt sich nach Gl. (3.10) zu

$$G = hbA/f^2. \tag{4.3}$$

Faßt man b/f als im Winkelmaß gemessene Spaltbreite auf und drückt sie durch die Winkeldispersion D_w und $\Delta\lambda_{1/2}$ aus, so wird der durchgelassene Strahlungsfluß nach (3.7) unter Hinzunahme von $\tau_K(\lambda)$

$$\Phi = \tau_K L A D_w \Delta\lambda_{1/2} h/f. \tag{4.4}$$

Sind die Spalte so eng eingestellt, daß innerhalb von $\Delta\lambda_{1/2}$ keine Strukturen vorhanden sind, so ist die Strahldichte durch $L = L_\lambda \Delta\lambda_{1/2}$ gegeben, und es tritt der Fluß

$$\Phi = \tau_K L_\lambda A D_w (\Delta\lambda_{1/2})^2 h/f \tag{4.5}$$

aus. Bei dieser „kontinuierlichen“ Einstrahlungsart wächst der Fluß also mit dem Quadrat der Spaltbreite, da mit b_1 der eintretende Fluß und mit b_2 der Wellenlängenbereich wächst. Bei Monochromatoren mit Festspalten oder maximal geöffneten Spalten läßt sich Φ nur durch einen Dispersor mit kleinerer Winkeldispersion D_w erhöhen.

Soll mit einem Monochromator Strahlung isoliert werden, deren Linienbreite klein gegenüber $\Delta\lambda_{1/2}$ ist (z. B. um ferne Linien zu eliminieren), so ist $L = L_0$ unabhängig von dem gewählten $\Delta\lambda_{1/2}$, und dann hängt Φ linear von $\Delta\lambda_{1/2}$ ab.

Vergleicht man verschiedene Monochromatoren mit Hilfe von Gl. (4.5) bezüglich Φ bei gleicher durchgelassener Halbwertsbreite $\Delta\lambda_{1/2}$, so sind solche mit großer Dispersorfläche A, großer Winkeldispersion D_w und großem Spalthöhen-Brennweiten-Verhältnis h/f überlegen. h/f hat als Kriterium allerdings nur beschränkt Gültigkeit, da die Abbildung des Spalts in seiner Längsausdehnung bei vielen Monochromatoren stark astigmatisch ist. Innerhalb des Faktors 2—4 kann meist nur experimentell unter Meßbedingungen entschieden werden, welcher Monochromator tatsächlich günstiger ist, zumal $\tau_K(\lambda)$ stark wellenlängenabhängig sein kann. Theoretische und experimentelle Untersuchungen haben gezeigt, daß Geräte mit Gittern denen mit gleich großen Prismen und gleich großen h und f wegen des größeren D_w überlegen sind.

Bei immer schmalerer Einstellung des Eintrittsspalts erreicht man schließlich eine Grenze, bei der sich die Strahlstärkeverteilung in der Austrittsspaltebene nicht mehr verschmälert. Die Spaltfunktion ist dann durch die Beugung oder technische Unzulänglichkeiten (Abbildungsfehler, Justierung etc.) des Geräts bestimmt und wird Instrumentenprofil oder Apparatefunktion genannt.

Das theoretische *Grenzauflösungsvermögen* R_0 wird durch die Beugung an demjenigen Bauteil bestimmt, das den Öffnungswinkel in der spektralen Zerlegungsrichtung bestimmt, also durch die Aperturbreite a (Abb. 4.1). Damit die Beugungsmaxima in den Spaltbildern für die Wellenlängen λ und $\lambda + \Delta\lambda_g$ analog zu Abb. 3.6 aufgelöst werden, muß der Gangunterschied zwischen den zugehörigen Bildorten für die Wellenlänge λ den Wert λ annehmen. Der noch auflösbare Winkelunterschied hat also die Größe λ/a, und das Auflösungsvermögen enthält nur die Aperturbreite a und die Winkeldispersion:

$$R_0 = \lambda/\Delta\lambda_g = aD_w. \tag{4.6}$$

Abb. 4.3 zeigt das Verhalten des Strahlungsflusses in der Nähe der Auflösungsgrenze, der dann von Gl. (4.5) abweicht. Der Kurvenverlauf, dessen Details auch vom Kohärenzgrad der Beleuchtung abhängen, ist für beugungs- und aberrationsbegrenzte Geräte ähnlich. Man sieht, daß mit der Vergrößerung der Spaltbreite auf das 2- bis 3fache derjenigen an der Auflösungsgrenze mindestens eine Größenordnung an Strahlungsleistung zu gewinnen ist, so daß man $\Delta\lambda_g$ nur in unumgänglichen Fällen verwenden wird.

Strahlung, die nicht dem zentralen Bereich $\lambda_0 + \Delta\lambda_{1/2}$ der Spaltfunktion (Abb. 4.2) angehört, wird als *Streulicht* oder allgemeiner als *Falschlicht* bezeichnet. Der Fußbereich der Spalt-

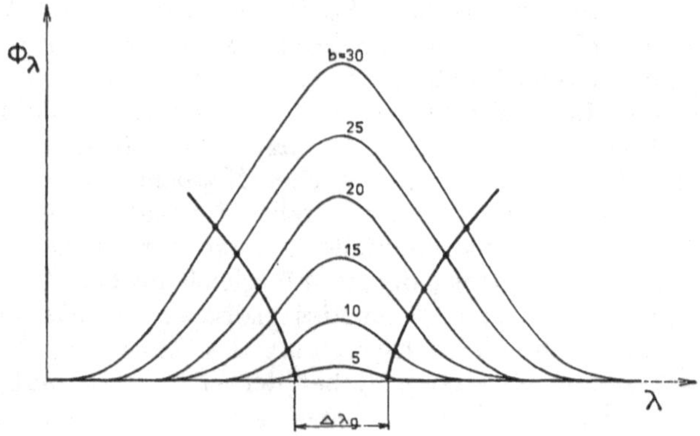

Abb. 4.3. Verteilungen des spektralen Strahlungsflusses Φ_λ in der Nähe der Auflösungsgrenze $\Delta\lambda_g$ bei verschiedenen Spaltbreiten b (in willkürlichen Einheiten). Die Punkte bei den Halbwerten zeigen den Übergang in Gl. (4.5).

funktion kommt dadurch zustande, daß die einfallende Strahlung auf Fassungsteile, Rauhigkeiten der optischen Oberflächen, Unsauberkeiten im Lichtweg, Inhomogenitäten der Medien trifft (Streulicht) oder durch fehlerhafte Abbildung aus dem idealen Strahlenverlauf gebracht wird und dann direkt oder nach weiteren Reflexionen und Streuungen in den Austrittsspalt gelangt. Mitunter entsteht Falschlicht auch durch eine direkte Reflexion von einer Prismenoberfläche bei einer gewissen Wellenlängeneinstellung oder durch Lumineszieren lackierter Oberflächen bei kurzwelliger Bestrahlung. Beim Durchsuchen von Monochromatoren mit einem Schirm kann man oft Stellen auffinden, an denen unter den Meßbedingungen noch zusätzliche Strahlenfallen nötig sind. Wichtig zur Falschlichtreduktion sind eine Spaltbeleuchtung, die die Bestrahlung innerer Fassungsteile vermeidet, und Sauberkeit der Oberflächen. Filter und Vormonochromatoren, die nicht benutzte Wellenlängenbereiche unterdrücken, bringen beträchtliche Verbesserungen. Falschlichtprobleme treten meist auf, wenn für einen der Meßplatzbauteile (Empfänger, Materialien, Quellen) die Einsatzgrenze erreicht wird.

4.1.2. *Gitter* [Z 27—Z 30]

Auf Grund der verbesserten Herstellungstechnologien nehmen Gitter heute den ersten Rang unter den Dispersoren ein. Sie werden überwiegend als Reflexionsgitter hergestellt. In einer möglichst gut reflektierenden Oberfläche werden die Gitterfurchen als mikroskopisch kleine, zueinander parallele Rillen eingeritzt oder holographisch erzeugt.

Zuerst soll als einfaches Beispiel die Beugung einer ebenen, monochromatischen Welle an einer Folge von N eindimensional ausgedehnten Störungen behandelt werden. Der Periodizitätsabstand dieser Gitterfurchen wird *Gitterkonstante* g genannt. Der Kehrwert von g, die *Teilungsfrequenz*, wird als Strichzahl pro mm angegeben. An einem solchen Reflexionsgitter gehen nach dem HUYGENSschen Prinzip von jeder Störung Elementarwellen aus. Abb. 4.4 entnimmt man, daß die Wegdifferenz zwischen zwei Elementarwellen an benachbarten Störungen $AD - BC$ beträgt, so daß die Phasendifferenz δ den Wert

$$\delta = 2\pi g\,(\sin\alpha + \sin\beta)/\lambda \tag{4.7}$$

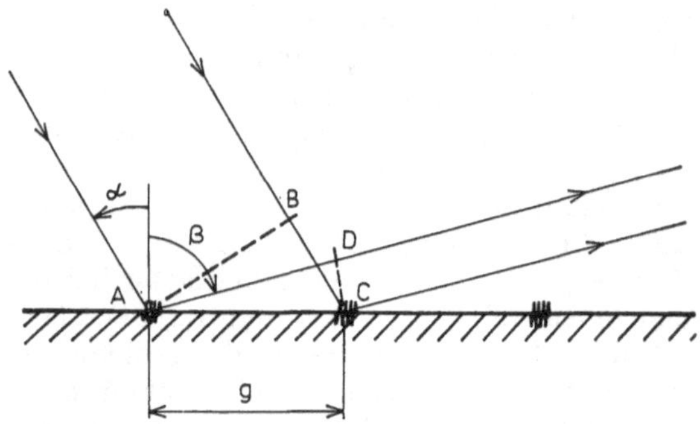

Abb. 4.4. Wegdifferenzen bei der Beugung am Gitter.
g — Gitterkonstante.

annimmt. Wenn man für alle Elementarwellen eine gleiche, richtungsunabhängige Amplitude U_0 ansetzt, erhält man in großem Abstand vom Gitter eine Welle mit der resultierenden Amplitude

$$U = \sum_{k=1}^{N} U_0 \exp(-ik\delta) = U_0 \frac{\sin(N\delta/2)}{\sin(\delta/2)}, \tag{4.8}$$

und die Intensität der abgebeugten Welle ergibt sich zu

$$\varphi(\delta, N) = U^2 = \varphi_0 \frac{\sin^2(N\delta/2)}{\sin^2(\delta/2)}. \tag{4.9}$$

Abb. 4.5 zeigt die Intensitätsverteilung $\varphi(\delta)$ für $N = 10$. Mit wachsender Furchenanzahl N wird die Intensität zunehmend in den Hauptmaxima konzentriert, deren Schärfe zunimmt. Die Hauptmaxima treten für $\delta = 2\pi m$ auf, woraus sich mit (4.7) die Grundgleichung für Beugungsgitter ergibt:

$$g(\sin\alpha + \sin\beta) = m\lambda = m/\sigma. \tag{4.10}$$

Die Laufzahl $m = 0, \pm 1, \ldots$ wird als Ordnung der Beugung bezeichnet. Der Spezialfall $m = 0$ beschreibt die spiegelnde Reflexion, die wellenlängenunabhängig erfolgt.

Wenn beim Einfall unter dem Winkel α die Wellenlänge λ_1 (bzw. Wellenzahl σ_1) in 1. Ordnung unter dem Winkel β abgebeugt wird, so erfüllen die Wellenlängen $\lambda_1/2, \lambda_1/3, \ldots$ (bzw. $2\sigma_1, 3\sigma_1, \ldots$) die Gl. (4.10) ebenfalls, werden also in die gleiche Richtung wie λ_1 gebeugt. Diesem Mangel an Eindeutigkeit zwi-

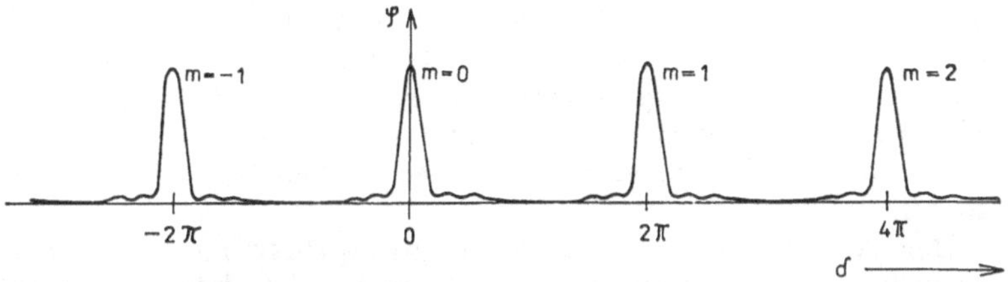

Abb. 4.5. Intensitätsverteilung nach der Beugung an einem Gitter mit 10 Furchen in Abhängigkeit von der Phasenverschiebung δ bei monochromatischer Einstrahlung

schen Wellenlänge und Beugungswinkel muß man bei der Spektroskopie mit Gittern durch Einschränken der Wellenlängen auf das nutzbare *Dispersionsgebiet* (*freier Spektralbereich*) durch Filter oder Vorzerlegung Rechnung tragen. Um eine Zentralwellenlänge λ_Z kann der Bereich $\pm \lambda_Z/(2m + 1)$ ohne Überlappungen durchgestimmt werden, bzw. um σ_Z der Bereich $\pm \sigma_Z/(2m + 1)$. In erster Ordnung beträgt das Dispersionsgebiet also $\frac{2}{3}\lambda_Z$ bzw. $\frac{2}{3}\sigma_Z$.

Die *Winkeldispersion* ergibt sich aus (4.10) zu

$$\mathrm{d}\beta/\mathrm{d}\lambda = (\sin\alpha + \sin\beta)/(\lambda\cos\beta) = m/(g\cos\beta). \tag{4.11}$$

Die Winkelspreizung des Spektrums wächst für ein Gitter wegen des Nenners $\cos\beta$ stärker als proportional zur Ordnung m. Bei streifender Inzidenz und Beobachtung in hohen Ordnungen lassen sich sehr große Winkeldispersionen erreichen. Dadurch wird es möglich, die Beugung an Strukturen zu beobachten, die viel größer als λ sind (VUV-Spektren mit optischen Gittern, Lichtbeugung an Millimeterteilungen). Das beugungsbegrenzte Grenzauflösungsvermögen für ein Gitter der Breite l und damit der Aperturbreite $a = l\cos\beta$ ergibt sich aus (4.6), (4.10) und (4.11) mit der Furchenzahl N zu

$$R_0 = l(\sin\alpha + \sin\beta)/\lambda = mN. \tag{4.12}$$

Mit guten Gittern werden in der Praxis etwa die halben Werte erreicht, also Werte um 10^5 bei 10 cm Breite und 500 nm Wellenlänge.

In Monochromatoren wird das Gitter zum Durchstimmen der Wellenlänge gedreht, während die Lage der Spalte, also der Winkel $2\Phi = \alpha + \beta$ zwischen einfallendem und abgebeugtem

Strahl, fest bleibt. Die Wellenlänge hängt vom Drehwinkel Ψ des Gitters (gemessen zwischen Gitternormaler und Winkelhalbierender von 2Φ) gemäß $\lambda(\Psi) = 2g \cos \Phi \sin\Psi$ ab. Durch Sinus- oder Kosekansgetriebe, die sich mit hoher Genauigkeit herstellen lassen, werden die Skalen bezüglich der Wellenlänge oder Wellenzahl linearisiert.

Der Anteil der einfallenden Intensität, der nach der Beugung in der benutzten Ordnung verfügbar ist, läßt sich durch die Formgebung der Furchen beeinflussen. Die in Gl. (4.8) als konstant angesehenen Amplituden U_0 der abgebeugten Wellen besitzen im allgemeinen Fall komplizierte Abhängigkeiten von Winkeln, Polarisationsazimuten und Materialeigenschaften, die sich prinzipiell aus den MAXWELLschen Gleichungen als Randwertproblem für die Furchenform berechnen lassen. Nur für Wellenlängen, die groß gegen den Furchenabstand sind ($\lambda > 5\,g$), kann man die skalare Darstellung beibehalten.

Reflektiert die Gitterfurche nur auf einem Teil der Breite b, so erhält man für die Intensitätsverteilung anstelle von Gl. (4.9)

$$\varphi = \varphi_0 \, \frac{\sin^2 [\pi b (\sin\alpha + \sin\beta)/\lambda]}{[\pi b (\sin\alpha + \sin\beta)/\lambda]^2} \cdot \frac{\sin^2 (N\delta/2)}{\sin^2 (\delta/2)} . \tag{4.13}$$

Die Intensitätsverteilung von Abb. 4.5 wird also mit einer Hüllfunktion multipliziert, die dem Intensitätsverlauf für die Beugung an einem Einzelspalt der Breite b entspricht. Abb. 4.6a) illustriert, daß die Verteilungen dieser Form ungünstig sind, da der spektroskopisch nutzlosen 0. Ordnung der höchste Wert zugeteilt wird. Durch Kippen der reflektierenden Teile der einzelnen Furchen

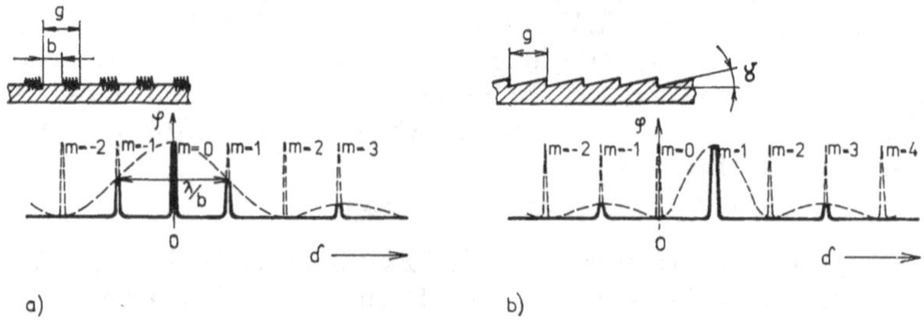

Abb. 4.6. Abhängigkeit der Intensitätsverteilung von der Furchenform. a) Die Gitterfurchen reflektieren bloß auf der halben Breite: $b = g/2$. b) Die Gitterfurchen sind um den Winkel γ aus der Gitterebene gekippt: $2\gamma = \alpha + \beta$.

um den *Blazewinkel* γ aus der Gitterebene heraus kann man die Hüllkurve relativ zu den Ordnungen verschieben.

Solche Reflexionsgitter haben ein sägezahnförmiges Profil und werden als *geblazte* Gitter (oder Echelettegitter) bezeichnet. In Gl. (4.13) sind dann α und β in der Hüllfunktion durch $\alpha - \gamma$ und $\beta - \gamma$ zu ersetzen. Im Idealfall wählt man γ so, daß das Maximum der Hüllkurve gerade beim Beugungswinkel für λ in der benutzten Ordnung auftritt (Abb. 4.6b)). Die gesamte abgebeugte Intensität für λ wird dann in die benutzte Ordnung konzentriert.

Es hat sich eingebürgert, geblazte Gitter durch die *Blazewellenlänge* λ_B zu charakterisieren. Diese Angabe bezieht sich auf die 1. Ordnung und die Betriebsbedingungen α, β. Bei LITTROW-Aufstellung ($\alpha = \beta = \gamma$) besteht nach Gl. (4.10) die Beziehung

$$2\,g \sin \gamma = \lambda_B . \tag{4.14}$$

Man sieht, daß dasselbe Gitter auch für Wellenlängen λ_B/m bei Beobachtung der m. Ordnung geblazt ist. Das Blazen bewirkt also eigentlich eine wellenlängenunabhängige Energiekonzentration in einem bestimmten Beugungswinkel.

Eine andere Möglichkeit, um Energieverluste in nicht benutzte Ordnungen zu vermeiden, ist der Einsatz so kleiner Gitterkonstanten, daß der untersuchte Wellenlängenbereich nur in 1. Ordnung auftritt. Dieser Weg wird bei holographischen Gittern oft beschritten, bei denen das Profil der Furchen nur in beschränktem Maße beeinflußt werden kann.

Die Abhängigkeit der abgebeugten Intensität von der Wellenlänge wird als Effizienzkurve bezeichnet. Sie kann angegeben werden als absolute Effizienz (bezogen auf die einfallende Intensität), als relative Effizienz (bezogen auf eine Oberfläche mit gleichem Reflexionsvermögen) oder als Beugungseffizienz (bezogen auf die gesamte abgebeugte Intensität). Typische Absoluteffizienzkurven zeigen zu beiden Seiten des Maximums bei λ_B flache Abfälle, die im Abstand $\pm\,\lambda_B/2$ etwa den halben Maximumwert erreichen. Die Effizienzkurven holographischer Gitter verlaufen breiter und flacher. Bei kleinen Gitterkonstanten hängt die Effizienz stark von der Polarisation ab. Für E parallel zu den Furchen sind die Kurven spitzer, und ihre Maxima liegen kurzwelliger.

In den Effizienzkurven können beachtliche *Anomalien* auftreten. Die WOODsche Anomalie beobachtet man, wenn die abgebeugte Wellenlänge gleichzeitig in einer höheren Ordnung so gebeugt wird, daß sie das Gitter streift. Aus Gl. (4.10) findet man dafür die Bedingung $\sin\alpha = (m\lambda/g) \pm 1$. Weitere Anomalien können durch Resonanzerscheinungen innerhalb der Gitterfurchen entstehen.

In Abb. 4.5 ist zu sehen, daß Licht nicht nur in die Hauptmaxima gebeugt wird, sondern unvermeidlich auch eine große Anzahl von Nebenmaxima auftritt. Die Intensität für das erste Nebenmaximum neben einem Hauptmaximum beträgt jedoch schon bei 10^4 Furchen nur 10^{-4} der Intensität des Hauptmaximums. Wesentlich größere Falschlichtintensitäten kommen durch die Unvollkommenheiten der Gitterherstellung zustande. Periodische Veränderungen der Furchenabstände führen zu *Geisterlinien* im Spektrum. Die Geister stellen ebenfalls ein Spektrum der Lichtquelle dar, jedoch mit geringerer Dispersion entsprechend den größeren Periodizitätsabständen der Störung und mit geringerer Intensität. Bei modernen geritzten Gittern ist die Intensität der Geister auf weniger als 10^{-5} von derjenigen des Originalspektrums herabgedrückt. Mit Lasern lassen sie sich, wie auch die folgenden Gitterfehler, relativ leicht auffinden. Holographische Gitter sind frei von Geistern. Abweichungen der abgebeugten Wellenfront vom Idealverlauf ergeben sogenannte *Satelliten,* die unsymmetrisch zur nahegelegenen Mutterlinie auftreten. Die Intensitäten betragen oft einige Prozent. Nach Abdecken der verursachenden Gittergebiete, die man mit Hilfe eines Interferogramms oder auch durch Probieren auffinden kann, lassen sich solche Gitter in vielen Fällen noch verwenden. Als eine weitere Ursache von Falschlicht soll die diffuse Streuung erwähnt werden, die durch die Restrauhigkeit bedingt ist. In diesem Zusammenhang muß betont werden, daß Gitter äußerst bedacht und schonend zu behandeln sind, da sich Schäden praktisch nicht beheben lassen. Fingerabdrücke, Kratzer usw. lassen sich von der feingefurchten Oberfläche nicht wieder entfernen. Wichtig ist auch, daß über Gittern nicht gesprochen wird. Staub sollte regelmäßig durch Pusten mit einer sauberen Plasteflasche entfernt werden. Normalerweise vertragen Originalgitter Bestrahlungsstärken von einigen $10\,\mathrm{W/cm^2}$.

Die Herstellung hochwertiger geritzter Gitter erfordert eine überaus hochentwickelte Präzisionsausrüstung und -technologie und ist auch heute noch auf wenige Dutzend Fabrikationsstätten in der Welt beschränkt. Die Gitterkonstante muß ja auf weniger als 1% über die gesamte Fläche konstant bleiben, was Genauigkeiten im nm-Bereich erfordert. Das gelingt durch interferometrische Steuerung der Bewegung des Ritzdiamanten der Teilmaschine, die im Prinzip wie eine Metallhobelmaschine arbeitet. Bei den Geschwindigkeiten von 1 m pro Minute dauert es mitunter mehrere Wochen, bevor ein Gitter erzeugt ist. Während dieser Zeit dürfen weder Temperaturschwankungen noch Erschütterungen die Arbeit der Teilmaschine beeinflussen. Auch darf der furchenziehende Diamant seine Gestalt während der viele Kilometer langen Gesamtstrecke aller Furchen nicht ändern. Beim „Abrieb“ einer Atomlage pro Furche würde er beim Ritzen eines Gitters um mehrere µm abgenutzt werden. Deshalb bleibt auch bei bester Technologie die Größe der durch Ritzen herstellbaren Gitter begrenzt. Man erzeugt Flächen bis zu einem Viertel m^2. Die Teilungsfrequenzen betragen bis zu 3600 mm^{-1}.

Das geritzte Originalgitter wird wegen seiner hohen Kosten meist nicht selbst zur Spektroskopie verwendet, sondern es werden davon Kopien (Replica) nach sehr diffizilen Abgußverfahren angefertigt. Je nach der Degradation dieser Verfahren können von einem Original bis zu 15 Erstkopien und von diesen wieder mehrere „Generationen“ weiterkopiert werden. Gute Kopien erreichen durchaus die Qualität des Originalgitters.

Die Herstellung der *holographischen Gitter* ist hinsichtlich der Stabilität weniger aufwendig, da alle Linien gleichzeitig aufgenommen werden. Trotzdem ist viel Erfahrung nötig, um sie herzustellen. Man erzeugt mit einem Interferometer ein Interferenzstreifensystem und belichtet damit einen Glasträger, der mit hochauflösendem Fotolack möglichst gleichmäßig beschichtet ist. Nach dem Entwickeln gibt der Lack das Streifensystem als Dickenprofil wieder. Durch Aufdampfen einer Metallschicht erhält man ein Reflexionsgitter.

Holographische Gitter werden meist mit 600 bis 6000 Furchen pro mm hergestellt. Ihr Nachteil ist, daß sie sich nicht mit beliebigem Furchenprofil herstellen lassen. Man ist jedoch in der Lage, durch die Prozeßführung ihre Effizienz für die gewünschte Wellenlänge zu optimieren und insbesondere durch die Wahl der Teilungsfrequenz höhere Ordnungen zu unterdrücken. Ebenso wie Gitterkopien können sie nicht im VUV benutzt werden, da die aufgedampfte dünne Metallschicht nur schlecht reflektiert. Holographische Gitter sind geisterfrei und meist streulichtärmer als geritzte Gitter.

4.1.3. *Prismen* [Z 27—Z 29]

Die bei Newtons Versuchen zur Zerlegung des weißen Lichts verwendete Dreikantform des Prismas ist auch heute noch als Dispersor in Gebrauch. Abb. 4.7 zeigt einen Schnitt durch ein Prisma senkrecht zur brechenden Kante K, an der die durchstrahlten Prismenseitenflächen unter dem brechenden Winkel ε (Prismenwinkel) zusammentreffen. Ein in dieser Ebene laufen-

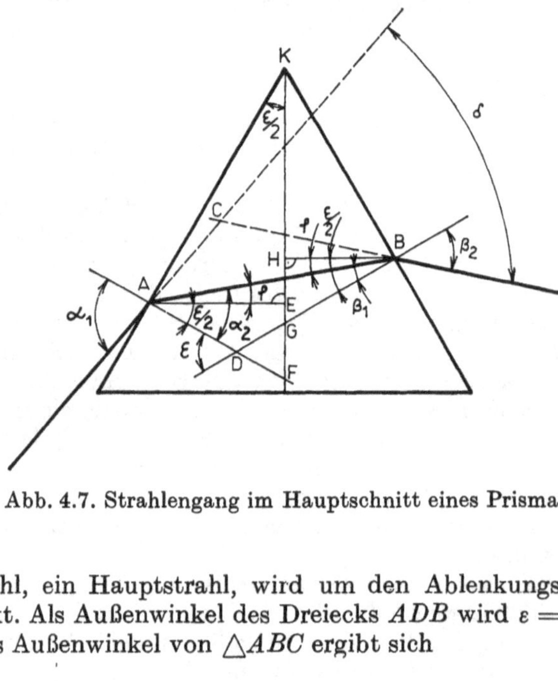

Abb. 4.7. Strahlengang im Hauptschnitt eines Prismas

der Strahl, ein Hauptstrahl, wird um den Ablenkungswinkel δ abgelenkt. Als Außenwinkel des Dreiecks ADB wird $\varepsilon = \alpha_2 + \beta_1$. Für δ als Außenwinkel von $\triangle ABC$ ergibt sich

$$\delta = \alpha_1 - \alpha_2 + (\beta_2 - \beta_1) = \alpha_1 + \beta_2 - \varepsilon. \tag{4.15}$$

Das Brechungsgesetz liefert $\alpha_1 = \arcsin(n \sin \alpha_2)$ und $\beta_2 = \arcsin(n \sin \beta_1)$. Da bei den Punkten A und B der Winkel $\varepsilon/2$ wieder auftritt ($\triangle AEK \triangleq \triangle AFE \triangleq \triangle GBH$), ist $\alpha_2 = \varphi + \varepsilon/2$, $\beta_1 = -\varphi + \varepsilon/2$, und für die Ablenkung ergibt sich

$$\delta = \arcsin(n \sin[\varepsilon/2 + \varphi]) + \arcsin(n \sin[\varepsilon/2 - \varphi]) - \varepsilon. \tag{4.16}$$

Für $x \geqq 0$, $n > 1$ ist die Funktion $f(x) = \arcsin(n \sin x)$ gegenüber der x-Achse konvex gekrümmt, und folglich nimmt die Summe dieser Funktionen in (4.16) für $\varphi = 0$ ein Minimum an:

$$\delta_{\min} = 2 \arcsin(n \sin \varepsilon/2) - \varepsilon . \tag{4.17}$$

Dieses Minimum der Ablenkung tritt wegen der Bedingung $\varphi = 0$ bei symmetrischer Durchsetzung des Prismas auf. Durch Bestimmen von $\delta_{\min}$ und ε läßt sich n messen. Ein symmetrischer Strahlverlauf wird für Dispersionsprismen im allgemeinen angestrebt. Er zeichnet sich — wenn auch nicht drastisch — durch den geringsten Astigmatismus, die kleinsten Reflexionsverluste und das größte Auflösungsvermögen aus. Dabei wird in Kauf genommen, daß die Winkeldispersion D_w bei anderen Ablenkungswinkeln etwas größere Werte annimmt als im Minimum der Ablenkung mit

$$D_{w,\min} = \frac{2 \sin(\varepsilon/2)}{\sqrt{1 - n^2(\lambda) \sin^2(\varepsilon/2)}} \frac{dn}{d\lambda}$$

$$= 2 \sin(\varepsilon/2) \cos^{-1}\alpha_{\min} (dn/d\lambda). \tag{4.18}$$

Durch Einsetzen der Aperturbreite $a = l \cos \alpha_1$ und der Prismenbasislänge b ergibt sich

$$D_w = ba^{-1}\, dn/d\lambda, \tag{4.19}$$

$$R_0 = b\, dn/d\lambda. \tag{4.20}$$

Das Auflösungsvermögen R_0 hängt also nur von der Prismenbasislänge b und der Materialdispersion $dn/d\lambda$ ab. Voraussetzungsgemäß muß dabei das Prisma zwischen brechender Kante und Basis voll durchstrahlt werden. Für die Winkeldispersion D_w spielt die Prismengröße dagegen keine Rolle. Ausschlaggebend sind brechender Winkel ε und Materialdispersion. Da die Reflexionsverluste mit wachsendem α stark zunehmen und schließlich der Nenner von (4.18) imaginär wird, läßt sich D_w durch ε nur bedingt vergrößern. Für größere Winkeldispersionen werden mehrere Prismen nacheinander durchstrahlt. Bei Glasprismen sind brechende Winkel von 60° üblich. Für Prismenmaterialien mit größeren Brechzahlen oder mit deutlicher Absorption werden kleinere Prismenwinkel benutzt. Die Reflexionsverluste können durch Aufkitten von Prismen aus schwach dispersiven Materialien auf hoch dispersive Prismen mit ähnlicher Brechzahl oder durch

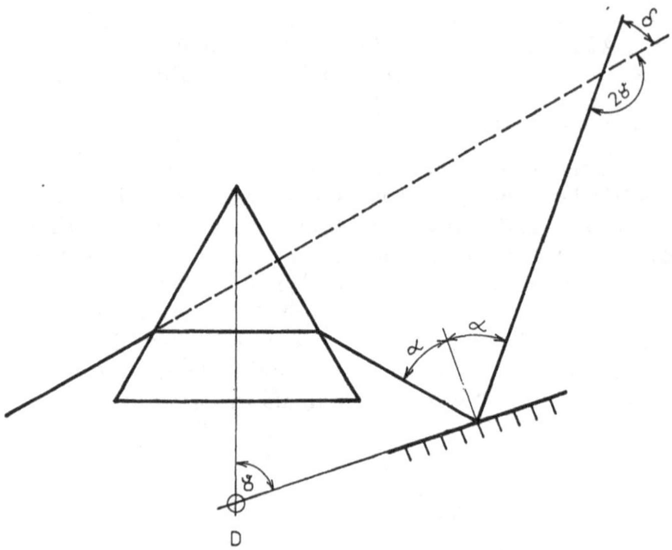

a)

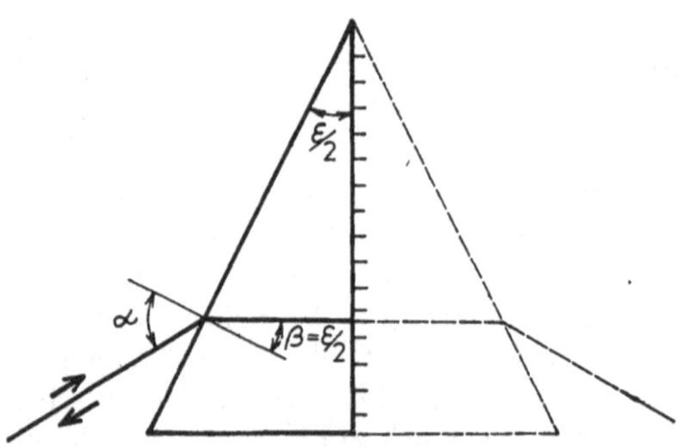

b)

Abb. 4.8. Prismenanordnungen. a) WADSWORTH-Anordnung: D — Drehpunkt; b) LITTROW- oder Autokollimationsprisma

Antireflexionsbeläge (für kleinere Wellenlängenbereiche) reduziert werden. Die üblichen Größen des brechenden Winkels bringen es mit sich, daß die Prismenflächen in der Nähe des BREWSTER-Winkels durchsetzt werden und Polarisationseffekte eine beträchtliche Größe erreichen.

Beim Betrieb eines Prismenmonochromators im Minimum der Ablenkung ändern sich beim Durchstimmen der Wellenlänge sowohl α_1 als auch β_2. Das bedeutet, daß im Monochromator zwei Bauteile in Abhängigkeit voneinander gedreht werden müssen. Wegen der damit verbundenen Konstruktionsprobleme sind zahlreiche Prismenanordnungen erdacht worden, die mit nur einer Drehung auskommen. Mit der sogenannten WADSWORTH-Anordnung, die zuerst von FUCHS [52] angegeben wurde, können beliebige wellenlängenunabhängige Ablenkungswinkel realisiert werden. Dabei ist mit dem Prisma ein Planspiegel starr verbunden (Abb. 4.8a)). Beide werden um die Linie gedreht, in der sich die Halbierungsebene des Prismenwinkels und die Planspiegelebene schneiden. Meist werden Halbierungsebene und die Planspiegel zueinander senkrecht gestellt. Dann tritt durch die Prismen-Spiegel-Kombination nur eine Parallelversetzung der Strahlachse ein. Die einfachste und inzwischen am häufigsten eingesetzte Lösung ist das LITTROW- oder Autokollimationsprisma (Abb. 4.8b)). Dieses Halbprisma wird zweifach durchsetzt, da seine Kathetenfläche verspiegelt ist, und es besitzt folglich die doppelte Winkeldispersion des Halbprismas. Beim Drehen ändert sich diejenige Wellenlänge, die in sich selbst zurückgeworfen wird. Um hin- und zurücklaufende Strahlung voneinander zu trennen, wird in Monochromatoren von der exakten Übereinstimmung beider Strahlungsrichtungen und damit vom Minimum der Ablenkung geringfügig abgewichen (vgl. Abb. 4.10c)). Mitunter wird die Durchstimmung mit einem separaten Spiegel bei feststehendem Prisma vorgenommen.

Abb. 4.9 zeigt den spektralen Verlauf der *Materialdispersion* $dn/d\lambda$ für die wichtigsten Prismenmaterialien. Wegen des Zusammenhangs von Absorptionskoeffizienten und Brechzahl vergrößert sich $dn/d\lambda$ bei Annäherung an stark absorbierende Wellenlängenbereiche. Deshalb ist es bei Ansprüchen an D_w nicht sinnvoll, ein Prismenmaterial über sein ganzes Transmissionsgebiet zu verwenden. Aus $dn/d\lambda = 0{,}3-0{,}03\ \mu m^{-1}$ ergeben sich $D_w = 5 \cdot 10^{-6} - 5 \cdot 10^{-8}$ rad/nm, $D_l^{-1} = 4 - 400$ nm/mm bei 50 cm Brennweite der Fokussierungsoptik. Gittergeräte können um eine Größenordnung besser sein.

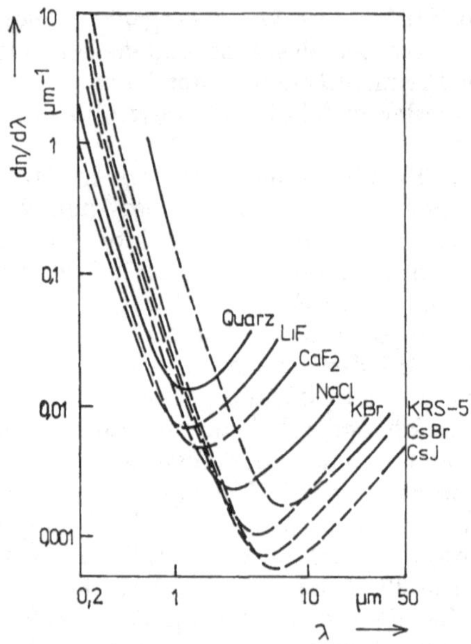

Abb. 4.9. Materialdispersion $dn/d\lambda$ gebräuchlicher Prismenmaterialien. Der ausgezogene Kurventeil entspricht dem üblichen Einsatzbereich.

Das Vorzeichen von $dn/d\lambda$ im Gebiet der normalen Dispersion bewirkt, daß Prismen — im Gegensatz zu Gittern — langwellige Strahlung schwächer als kurzwellige ablenken. Ein Vorteil von Prismengeräten ist, daß der Zusammenhang zwischen λ und dem Ablenkungswinkel δ nicht vieldeutig ist. Da δ kompliziert von ε und $n(\lambda)$ abhängt, wird für jedes Prisma eine Eichkurve benötigt. Außerdem ist die Eichkurve temperaturabhängig. Die deshalb übliche Thermostatierung auf 30—50 °C bewirkt zusätzlich den Feuchtigkeitsschutz der oft hygroskopischen Materialien. Die Eichkurven lassen sich mit ausreichender Genauigkeit durch einfache Polynome darstellen [53].

4.1.4. *Grundtypen* [Z 27—Z 29, Z 31]

Die Grundtypen der Monochromatoren unterscheiden sich durch die technischen Lösungen für die aberrationsarme Abbildung des Eintrittsspalts in der Austrittsspaltebene und die Realisierung der Winkelbedingungen für den Dispersor beim Durchstimmen der Wellenlänge. Meist kann derselbe Grundtyp sowohl für Gitter oder Prisma, für Spiegel- oder Linsenoptik oder als Mono- oder Polychromator ausgelegt werden.

Weite Verbreitung hat die CZERNY-TURNER-*Anordnung* gefunden, bei der der Komafehler der Hohlspiegel durch einen z-förmigen Strahlengang kleingehalten wird (Abb. 4.10). In

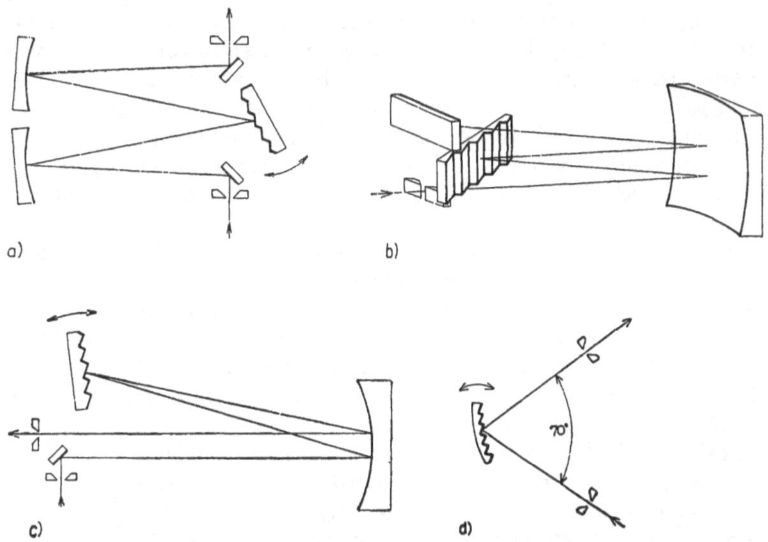

Abb. 4.10. Häufig verwendete Grundtypen von Mono- oder Polychromatoren: a) CZERNY-TURNER-Anordnung; b) EBERT-Spektrograph; c) LITTROW-Anordnung; d) SEYA-NAMIOKA-Monochromator mit Konkavgitter

Varianten dieser Anordnung werden ein gemeinsamer Hohlspiegel (EBERT-FASTIE-*Anordnung*) oder zwei Spiegel mit unterschiedlichen Werten der Brennweite, der Winkel und Abstände zum Gitter oder mit asphärischen Oberflächen verwendet. Beim EBERT-*Spektrographen*, der für große Brennweiten und kleine Öffnungswinkel ausgelegt ist, wird die Eigenschaft ausgenutzt, daß die Bildfeldwölbung verschwindet, wenn das Gitter im Abstand von $0{,}85\,f$ vom Hohlspiegel aufgestellt ist (Abb. 4.10b)). In Prismenmonochromatoren mit LITTROW- oder mit WADSWORTH-Anordnung werden die in Abschn. 4.1.3. behandelten Prinzipien benutzt, die es gestatten, im Minimum der Ablenkung allein durch Drehen des Prismas durchzustimmen. Die LITTROW-*Anordnung* wird auch bei Reflexionsgittern angewandt (Abb. 4.10c)) und ergibt sehr kompakte Geräte. Da Hin- und Rückweg durch dieselben Bauteile verlaufen und nur durch einen geringen Winkel getrennt sind, weisen LITTROW-Monochromatoren relativ viel Streulicht auf.

Monochromatoren für Bestrahlungszwecke mit hohen Anforderungen an den Strahlungsfluß, aber nur geringen Anforderungen an die spektrale Reinheit und Schmalbandigkeit gehen vom Parallelstrahlengang im Dispersor ab und verwenden nur einen Spiegel oder eine Linse. Sehr einfach sind *Vormonochromatoren* aufgebaut [54—56]. Sie werden als Ordnungstrenner vor Gittergeräten oder zur Falschlichtreduktion genutzt und lassen sich auch mit den Elementen optischer Baukastensysteme selbst aufbauen.

Um die Anzahl der optischen Oberflächen zu reduzieren, kann der Dispersor so ausgebildet werden, daß er gleichzeitig die Abbildung besorgt. Am FERY-Prisma sind dazu die Kathetenflächen sphärisch geschliffen. Größere Bedeutung haben Gitter, die auf Hohlspiegeloberflächen erzeugt werden: die *Konkavgitter*. Für die Erzeugung des Spektrums wird dann nur eine Reflexion benötigt, wodurch auch bei den schlechten Reflexionsgraden der Metalle im VUV noch ein ausreichendes Transmissionsvermögen des Spektralapparates erzielt wird. Die klassischen Spektrographenanordnungen nutzen die Eigenschaften des ROWLAND-Kreises. Dieser Kreis hat einen Durchmesser von der Größe des Krümmungsradius des Gitters und berührt es im Scheitelpunkt (Abb. 4.11). Die Bilder des Eintrittsspalts, der auf dem Kreis angebracht ist, treten ebenfalls auf dem ROWLAND-Kreis auf. Die Bedingungen für die Gitterbeugung und die Abbildung lassen sich durch verschiedene Montierungen von Eintrittsspalt, Gitter und Photoplatte erfüllen. Bei den Aufstellungen nach ROWLAND, nach ABNEY und nach RUNGE und PASCHEN erstrecken sich die Positionen der Bauteile fast über den ganzen ROWLAND-Kreis, so daß sie bei Krümmungsradien von einigen Metern über einen üblichen Laborraum verteilt sind. Bei der EAGLE-Aufstellung oder bei streifender Inzidenz werden nur kleinere Teile des ROWLAND-Kreises benötigt, so daß die Unterbringung in einem evakuierbaren Gehäuse keine Schwierigkeiten bereitet. Alle auf dem ROWLAND-Kreis basierenden Aufstellungen weisen einen beträchtlichen Astigmatismus auf. Er wird bei der WADSWORTH-Konkav-

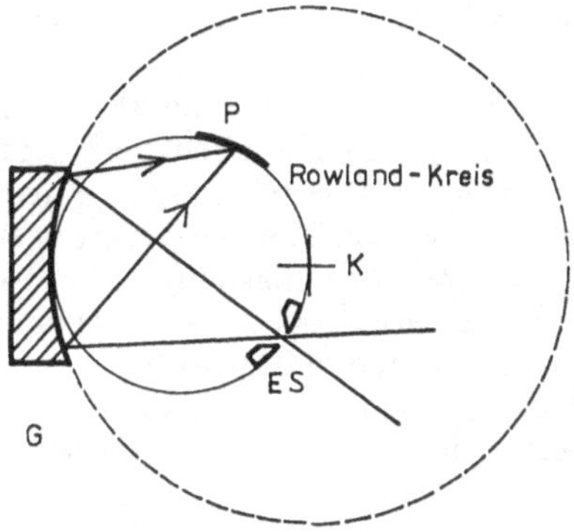

Abb. 4.11. Strahlengang bei der ROWLAND-Kreisaufstellung eines Konkavgitters. *G* — Gitter; *K* — Krümmungsmittelpunkt der Gitteroberfläche; *ES* — Eintrittsspalt; *P* — Photoplatte

gitteraufstellung vermieden (die sich von der gleichnamigen Prismenanordnung unterscheidet). Sie macht eine weitere Reflexion an einem zusätzlichen Hohlspiegel erforderlich, deren Verluste durch eine höhere Bestrahlungsstärke infolge stigmatischer Abbildung aufgewogen werden können.

Die Eigenschaft der Konkavgitter, auch innerhalb des ROWLAND-Kreises bei 0,82 r und einem Ablenkungswinkel von 70° noch Spektren mit erträglichen Fehlern zu liefern, wurde erst in neuerer Zeit von SEYA und NAMIOKA gezeigt (Abb. 4.10d)). Für VUV-Monochromatoren wird diese Anordnung heute überwiegend eingesetzt, die einen kompakten und einfachen Aufbau ermöglicht. Zum Durchstimmen wird nur das Gitter geschwenkt. Eintritts- und Austrittsspalt bleiben fest. Allerdings ist der Astigmatismus sehr groß. Ein Punkt des Eintrittsspalts wird zu einer Linie ausgezogen, die eine Länge von zwei Dritteln der Gitterfurchenlänge hat, so daß mit Empfängern kleiner Fläche der Strahlungsfluß schlecht genutzt wird. Neuerdings ist es auch möglich, Konkavgitter holographisch so herzustellen, daß die Abbildungsfehler durch eine Ortsabhängigkeit der Furchenabstände drastisch reduziert werden [57, 58]. Die Fehlerkorrektur ist dabei wellenlängenabhängig, übertrifft diejenige konventioneller Konkavgitteranordnungen und erlaubt Öffnungsverhältnisse bis 1 : 1. Wegen der nur einmaligen Reflexion und der holographischen Gitterherstellung sind diese Polychromatoren besonders streulichtarm.

Durch „Hintereinanderschalten" von Monochromatoren zu *Doppelmonochromatoren* und Dreifachmonochromatoren läßt sich Falschlicht um mehrere Größenordnungen herabsetzen [49, 59]. Für die Kopplung gibt es zwei grundsätzlich verschiedene Möglichkeiten. Bei der Anordnung mit *additiver Dispersion* wird das in der Austrittsspaltebene des ersten Monochromators entworfene Spektrum durch den zweiten (identischen) Dispersor weiter gespreizt (Abb. 4.12). Am Austrittsspalt des Doppelmonochromators ergibt sich dann die doppelte Lineardispersion. Auf den Mittelspalt, der gleichzeitig als Austrittsspalt des ersten und Eintrittsspalt des zweiten Monochromators fungiert, wird bei

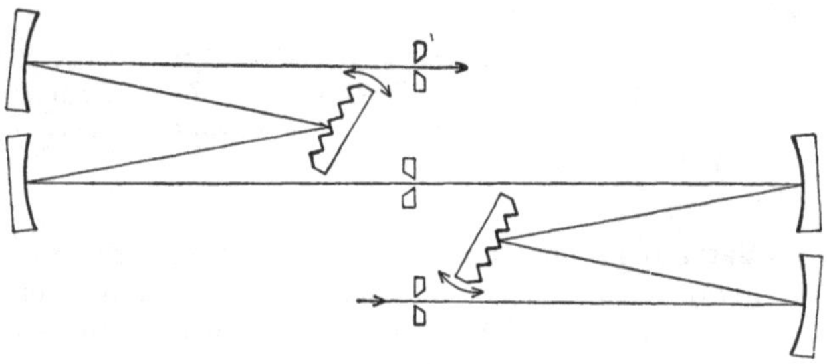

Abb. 4.12. Doppelmonochromator mit additiver Dispersion

manchen Geräten verzichtet. Er garantiert jedoch eine bessere Streulichtunterdrückung [60]. Wird der zweite Dispersor hinsichtlich seiner Dispersionsrichtung umgedreht, so spricht man von *subtraktiver Dispersion*. Dabei würde das in der Mittelspaltebene aufgefächerte Spektrum auf dem Austrittsspalt wieder vereinigt werden, wenn nicht durch den Mittelspalt das durchgelassene Spektralintervall eingeschränkt würde. Falschlicht, das durch den Mittelpunkt fällt, wird vom zweiten Dispersor anders gebrochen als das eingestellte Spektralintervall und fällt nicht mehr auf den Austrittsspalt. Die Lineardispersion unterscheidet sich nicht von der eines Einfachmonochromators.

Additive und subtraktive Dispersion wirken bei der Falschlichtunterdrückung nicht gleichartig. Die hinsichtlich der Lineardispersion (und folglich auch des spektralen Lichtleitwerts) favorisierte additive Anordnung kann im Gegensatz zur subtraktiven Anordnung Falschlicht innerhalb der doppelten Halbwertsbreite nur schlecht unterdrücken, was bei ausgedehnten Spektren keinen Nachteil mit sich bringt, wohl aber bei Untersuchungen schwacher Linien in der Nachbarschaft sehr intensiver.

Meist werden Mehrfachmonochromatoren als komplette Geräte hergestellt. Nur wenige Einzelmonochromatoren gestatten eine unmittelbare Hintereinanderschaltung, bei der auch die Dispersordrehungen gekoppelt werden können. Aus zwei typengleichen Monochromatoren läßt sich durch Zwischenabbildung der Spalte aufeinander ein Doppelmonochromator improvisieren, bei der allerdings Transmissionsvermögen verlorengeht [61]. Bei einer anderen Möglichkeit [62] wird die Strahlung vom Austrittsspalt eines Monochromators durch einen Winkelspiegel wieder zum Eintrittsspalt zurückgeworfen und durchsetzt denselben Monochromator rückläufig. Das aus dem Eintrittsspalt kommende Nutzlicht wird vom Falschlicht dadurch unterscheidbar gemacht, daß es vor dem Winkelspiegel zerhackt wird und das elektronische Nachweissystem nur die modulierte Strahlung erfaßt. Der Eingriff in das Gerät läßt sich durch äußeres Rückabbilden des Austrittsspalts und Zerhacken vermeiden.

Wesentliche Streulichtanteile lassen sich dadurch identifizieren bzw. vom Messen ausschließen, daß eine für die Streulichtentstehung unverdächtige optische Baugruppe periodisch um eine horizontale Achse geschwenkt wird [63].

4.2. *Interferometer*

Interferometer besitzen im allgemeinen höhere Auflösungen in einem kleineren Spektralbereich als Monochromatoren und werden bei Festkörpern vorzugsweise in Form des Fabry-Perot-Interferometers zur Untersuchung von Nullphononenlinien oder von Streuspektren verwendet. Michelson-Interferometer haben als wesentliche Bestandteile der Fourier-Spektrometer Bedeutung.

Beim Fabry-Perot-*Interferometer* wird eine planparallele Schicht eines optischen Mediums mit der Brechzahl n von zwei teildurchlässig verspiegelten Oberflächen begrenzt (Abb. 4.13a)). Der dargestellte Strahl wird zwischen den Oberflächen mehrfach hin und her reflektiert. Die ausgetretenen Teilstrahlen erhalten dadurch gegeneinander den Gangunterschied Δl, für den sich bei vernachlässigter Brechung

$$\Delta l = s(1 + \cos 2\alpha) = 2nd \cos \alpha \tag{4.21}$$

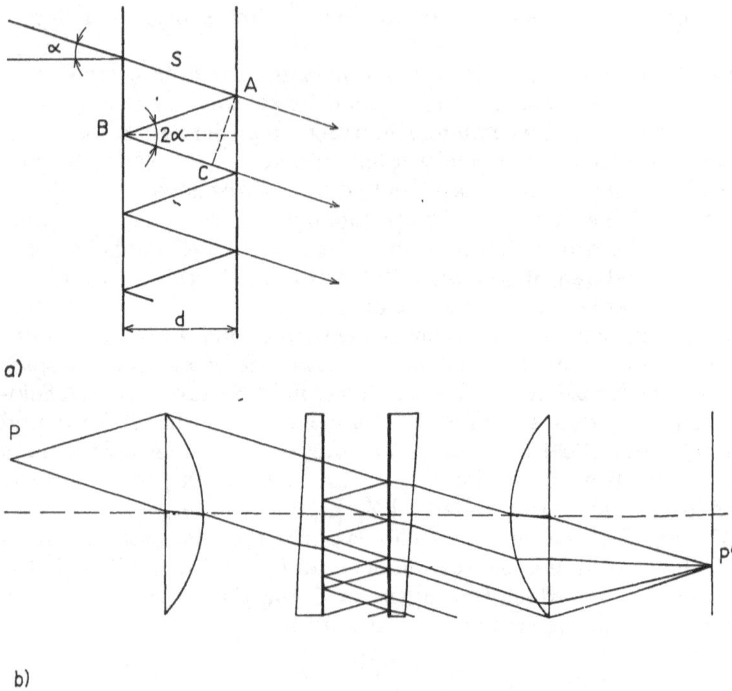

Abb. 4.13. Fabry-Perot-Interferometer. a) Entstehung der Gangdifferenz durch Vielfachreflexion im Plattenzwischenraum ($n = n'$). Zwischen benachbarten Strahlen beträgt sie $AB + BC$. b) Schematisierter Strahlenverlauf für die Abbildung des Punktes P einer ausgedehnten Lichtquelle

ergibt. Die durchgelassene Intensität wird maximal, wenn der Gangunterschied δ ein Vielfaches m der Wellenlänge λ annimmt, also

$$m\lambda = 2nd \cos \alpha \tag{4.22}$$

gilt. Bei Schichtdicken d im cm-Bereich ergeben sich Ordnungszahlen m von einigen Zehntausend für sichtbares Licht. Wird eine solche Anordnung, wie es in Abb. 4.13b) dargestellt ist, in den kollimierten Strahlengang einer ausgedehnten monochromatischen Lichtquelle gebracht, so wird das Bild der Quelle von konzentrischen hellen und dunklen Ringen durchzogen. Die hellen Ringe treten für diejenigen Winkel α auf, die die Bedingung (4.22) erfüllen.

Das Dispersionsgebiet oder das freie Spektralgebiet ist beim FABRY-PEROT-Interferometer sehr klein:

$$\lambda_2 - \lambda_1 = \lambda_1/m, \quad (4.23)$$

im Sichtbaren also kleiner als 0,1 nm. Die Halbwertsbreite $\Delta\lambda_{1/2}$ der hellen Ringe hängt vom Reflexionsvermögen der Oberflächen ab. Das Verhältnis von Dispersionsgebiet zur Halbwertsbreite wird als *Finesse F* bezeichnet, die mit dem Reflexionsvermögen ϱ gemäß

$$F = \pi \sqrt{\varrho}/(1 - \varrho) \quad (4.24)$$

zusammenhängt und meist zwischen 30 und 50 gewählt wird. Im achsennahen Gebiet ist die Winkeldispersion

$$D_w = (2nd \sin \alpha/m)^{-1} = (\lambda\alpha)^{-1}, \quad (4.25)$$

und das beugungsbedingte Grenzauflösungsvermögen beträgt

$$R_0 = mF, \quad (4.26)$$

übertrifft also mit $R_0 > 10^6$ Gittergeräte um eine Größenordnung.

Wenn keine ortsauflösenden Empfänger verwendet werden, wird in der Bildebene eine Ringblende angebracht. Die durch sie hindurchfallende Strahlung wird durchgestimmt, indem der Plattenabstand im Submikronbereich variiert wird, was mit piezoelektrischen Stellgliedern auch mit einer hohen Frequenz erfolgen kann. Bei fest montierten Platten wird durch Ändern des Luftdruckes die Brechzahl verändert. Um bei 1 cm Plattenabstand eine Ordnung im Sichtbaren zu überstreichen, muß der Druck um ca. 10^4 Pa geändert werden.

Das Produkt von Lichtleitwert Λ und Auflösungsvermögen R ist, wie bei Monochromatoren, eine Gerätekonstante, liegt aber um ein bis zwei Größenordnungen höher. Wegen des sehr kleinen Dispersionsgebiets werden jedoch oft Vorzerleger erforderlich, die die transmittierte Intensität verringern. Mit Blendensystemen aus vielen Ringen oder sphärischen Resonatoroberflächen läßt sich für Spezialfälle der Lichtleitwert weiter erhöhen.

An die Ebenheit der Platten ($\lambda/50$), die Temperaturkonstanz, die Präzision und Stabilität des Aufbaus und der Justierung werden beim FABRY-PEROT-Interferometer hohe Anforderungen gestellt. Für geringere Ansprüche wird an Stelle des bisher behandelten Luftschicht-Etalons auch eine *Etalonplatte* aus einem optischen Material mit guter Homogenität verwendet. Eine besonders einfache Ausführung stellen die Interferenzfilter dar.

4.3. Filter

Durch Filter lassen sich Wellenlängenbereiche auf einfache Weise selektieren. In Analogie zur Elektrotechnik kann man den Verlauf ihres Transmissionsgrades $\tau(\lambda)$ idealisiert in Langpaß- und Kurzpaß-, Bandpaß- und Bandsperrcharakteristiken einteilen. Die Vorsilben beziehen sich stets auf die Wellenlänge. Signale mit einem Wellenlängenverhalten, das zur Filtercharakteristik komplementär ist, lassen sich erzeugen, wenn der Strahlengang mit Hilfe des Filters zerhackt und nur der modulierte Strahlungsanteil als Signal verwendet wird: Das Modulationssignal nach einem (z. B. Langpaß-) Zerhacker mit $\tau(\lambda)$ entspricht dann der unterdrückten (kurzwelligen) Strahlung mit $1 - \tau(\lambda)$. Außer dem Transmissionsgrad im durchgelassenen Spektralbereich ist auch die erzielbare Unterdrückung der unerwünschten Strahlung wichtig. Oft werden Resttransmissionsgrade von $< 10^{-4}$ benötigt. Durchlaß- und Sperrbereich sind in linearen Darstellungen des Transmissionsgrades $\tau(\lambda)$ nicht mehr gleichzeitig wahrnehmbar. Informativer sind Darstellungen von $\log(1/\tau)$ oder der Diabatie $\Theta = 1 - \lg(\lg \tau^{-1})$ oder Zahlenangaben.

4.3.1. Absorptionsfilter

Einfach zu handhabende Absorptionsfilter sind die *Filtergläser*. Bei ihnen wird unterschieden zwischen dem inneren oder Reintransmissionsgrad $\tau_i(\lambda)$ und dem wahren Transmissionsgrad, in dem auch die Reflexionsverluste mit erfaßt sind (s. 7.1.2.). Die Diabatiedarstellung ermöglicht hier einen schnellen Überblick über den Reintransmissionsgrad bei verschiedenen Filterdicken, da die Diabatiekurve für die Dicke d_2 aus derjenigen für d_1 hervorgeht, wenn man sie (bzw. die Skale) um $\lg(d_2/d_1)$ verschiebt. Für $\tau_i = 0{,}05-0{,}8$ sind τ_i und Θ_i nahezu proportional, so daß die Diabatiekurve dort dem Verlauf der Transmissionskurve entspricht.

Abb. 4.14a) zeigt Langpaßcharakteristiken von Filtergläsern mit Kantenlagen zwischen 250 nm und 750 nm, die durch Elektronenübergänge in den Sauerstoffionen des Grundglases oder durch Band-Band-Übergänge in eingelagerten Ausscheidungen

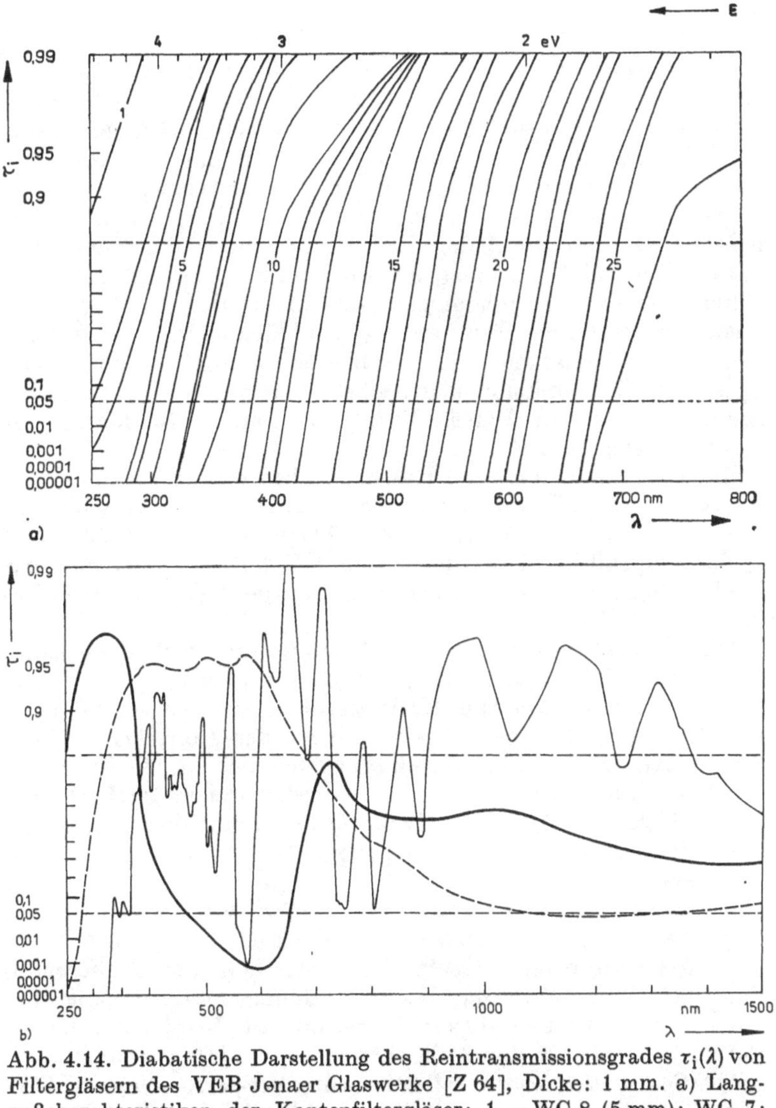

Abb. 4.14. Diabatische Darstellung des Reintransmissionsgrades $\tau_i(\lambda)$ von Filtergläsern des VEB Jenaer Glaswerke [Z 64], Dicke: 1 mm. a) Langpaßcharakteristiken der Kantenfiltergläser: 1 – WG 8 (5 mm); WG 7; WG 6; WG 5; 5 – WG 4; WG 10; WG 3; WG 2; WG 9; 10 – GG 13; GA 40; GA 42; GA 43; GA 45; 15 – GA 48; GA 50; OA 52; OA 54; OA 55; 20 – OA 57; OA 59; OA 61; RA 63; RA 67; 25 – RA 69; RG 9; b) UV-Kurzpaßfilter UG 5 (dicke Kurve); Wärmeschutzfilter C 9971 (gestrichelt); Vielbandenglas BG 35 (dünne Kurve). Zwischen den gestrichelten Linien ist die Ordinatenteilung annähernd linear.

zustande kommen. Zumischungen von Ionen der 3*d*-Elemente ergeben meist mehrere breite Banden, deren langwellige Flanken als Kurzpaßfilter benutzt werden (Abb. 4.14b)). 4*f*-Ionen erzeugen Filter mit komplizierten Bandensystemen, die es in Kombinationen gestatten, schmale Spektralgebiete auszusondern.

Die Temperatur hat nur bei Steilkantenfiltern einen erwähnenswerten Einfluß auf den Transmissionsgrad: Die Kante verschiebt sich bei Erwärmung um rund 0,1 nm/K ins Rote. Wenn Filtergläser nicht zu inhomogen bestrahlt werden und beim Haltern ihre thermische Ausdehnung nicht behindert wird, vertragen sie hohe Belastungen. Kurzwellige Strahlung kann bei einigen Typen die Transmission irreversibel verändern und regt häufig zur Lumineszenz an. Manche Filtergläser werden als Fluoreszenzstandards eingesetzt.

Angefärbte Gelatine- und Kunststoffolien werden für die unterschiedlichsten Filteraufgaben hergestellt [65]. Typisch sind Bandpaßcharakteristiken mit 20—50 nm Halbwertsbreite und steile Langpaßcharakteristiken vom UV bis ins NIR. Sie sind lumineszenzarm, vertragen allerdings nur geringe thermische Belastungen.

Die Absorptionskante von Halbleitern und Isolatoren kann, je nach Bandabstand, im UV, VIS oder IR als Langpaß dienen (s. 3.5.). Wegen der hohen Absorptionskoeffizienten von 10^6 cm^{-1} für Band-Band-Übergänge verschwindet der Resttransmissionsgrad total. Die Kanten verschieben sich mit ca. $4 \cdot 10^{-4}$ eV/K bei Abkühlung ins Kurzwellige und werden steiler. Im VUV sind dünne Metallschichten als Kurzpaßfilter brauchbar [66, Z 16]. Als FIR-Langpaß wird Kristallquarz mit schwarzer Polyäthylenfolie verwendet.

Die früher häufig verwendeten *Küvetten mit Flüssigkeiten* ermöglichen Laborimprovisationen [Z 17, Z 32—Z 34]. Ihre Nachteile sind Verdunsten, Zersetzen und Bläschen- und Schlierenbildung bei Erwärmung. Zur Wärmestrahlungsunterdrückung sind die einige Zentimeter dicken Küvetten mit Kupfersulfatlösung (60 mg $CuSO_4$/l) von den Kaltlichtspiegeln verdrängt worden.

Mit *Gasküvetten* lassen sich sehr schmale Sperrbereiche realisieren. Beispielsweise kann mit einer Jodküvette die 488-nm-Laserlinie so stark zurückgehalten werden, daß noch 10 cm^{-1} neben der Laserlinie gemessen werden kann [67], wobei allerdings weitere Absorptionslinien zu Fehlern Anlaß geben können [68].

4.3.2. *Interferenzfilter*

Die einfachsten Filter dieser Gruppe, die Metallinterferenzfilter, basieren auf dem Prinzip des FABRY-PEROT-Interferometers (s. 4.2.). Als Etalon wird eine dielektrische Abstandsschicht verwendet, die zwischen zwei teildurchlässigen, teilreflektierenden Metallschichten eingebettet ist. Durch die Dicke der dielektrischen Schicht, die den Gangunterschied bestimmt, wird die Grundwellenlänge festgelegt. Außer dieser Grundwellenlänge können in den höheren Ordnungen ganzzahlige Teile von ihr durchgelassen werden. Die unerwünschten Durchlässigkeitsmaxima werden durch mitgefaßte Filtergläser beseitigt. Im Gegensatz zu den Interferometern werden nur sehr niedrige Ordnungen benutzt ($m \leqq 4$), so daß der freie Spektralbereich groß ist.

Die Maximumdurchlässigkeit τ_{max} von Einfach-Metallinterferenzfiltern liegt je nach Spektralbereich bei 20—40%. Ihre Halbwertsbreite $\Delta\lambda_{1/2}$ beträgt 2—4% der Durchlaßwellenlänge, im VIS also 10—20 nm. Schmalbandigere Filter lassen sich durch Verdopplung der Schichtfolge herstellen und werden als Doppelinterferenzfilter bezeichnet ($\tau_{max} \approx 15\%$, $\Delta\lambda_{1/2} \approx 1\%$). Durch den Einsatz absorptionsfreier dielektrischer Reflexionsschichtsysteme an Stelle der absorbierenden Metallschichten lassen sich höhere Maximumdurchlässigkeiten erzielen ($\tau_{max} \approx 80\%$ bei $\Delta\lambda_{1/2} = 1\%$).

Der Gangunterschied zwischen den interferierenden Strahlen nach Gl. (4.22) hängt vom Einfallswinkel α ab. Deshalb ist die Durchlaßkurve von Interferenzfiltern stark winkelabhängig (Abb. 4.15). Kippen des Filters verschiebt die Durchlaßkurve ins Kurzwellige, was zur Feinabstimmung genutzt werden kann. Allerdings verbreitert sich die Durchlaßkurve und wird von der Polarisation abhängig. Beim Arbeiten mit Interferenzfiltern muß deshalb auf „paralleles“ Licht (s. 3.2.4.) Wert gelegt werden. Zu große Öffnungswinkel täuschen eine vergrößerte Halbwertsbreite vor, die durch die unterschiedlichen Maximumwellenlängen für verschiedene Einfallswinkel zustande kommt. Die ohne nennenswerte Verbreiterung nutzbaren Öffnungshalbwinkel liegen bei Einfachfiltern meist bei 10°, bei Doppelfiltern bei 5°.

Macht man die dielektrische Abstandsschicht keilförmig, so erhält man ortsabhängig unterschiedliche Maximumwellenlängen. Diese streifenförmigen *Verlauffilter* lassen sich als einfache Monochromatoren einsetzen, wenn sie spaltförmig beleuchtet werden [69].

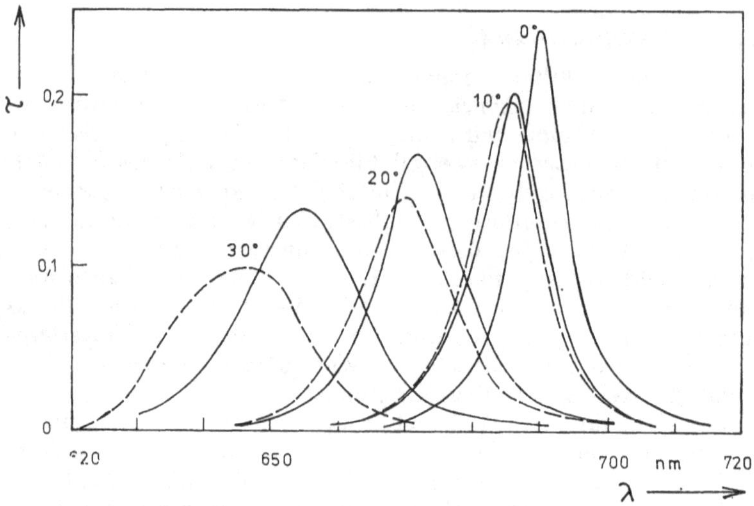

Abb. 4.15. Spektraler Transmissionsgrad $\tau(\lambda)$ eines Metallinterferenzfilters bei verschiedenen Kippwinkeln und Schwingungsebenen (E_p — ausgezogene Kurven, E_s — gestrichelt)

Die Durchlaßcharakteristik von Interferenzschichtsystemen läßt sich durch geeignete Wahl der Schichten stark variieren. *Vielschichtfilter* bestehen aus vielen, oft mehreren Dutzend Schichten, deren Parameter für die gewünschte Charakteristik errechnet werden können. Man kann annähernd rechteckige Charakteristika unterschiedlichster Breite und auch Kurzpässe und Langpässe herstellen. Diesen Filtern ist ihre interferentielle Wirkungsweise noch durch schwache Strukturen im Durchlaßbereich anzumerken ($\Delta\tau \approx 5\%$), die als Fehlerquellen nicht vergessen werden sollten.

Eine spezielle Ausführungsform der Vielschichtfilter sind die *dichroitischen Strahlteilerspiegel.* Sie teilen die einfallende Strahlung wellenlängenmäßig auf, im Idealfall in einen reflektierten Spektralbereich und den dazu komplementären, der durchgelassen wird. Die Polarisationszustände werden dabei im allgemeinen stark verändert. Am bekanntesten sind dichroitische Spiegel als Kaltlichtspiegel und Wärmereflektoren, die zur Unterdrückung von Wärmestrahlung in intensiven Beleuchtungsstrahlengängen große Bedeutung haben.

Bandsperrcharakteristiken werden durch Reflexion an Filtern erhalten, die in Transmission als Bandpaß wirken [Z 24, Z 34]. Interferenzfiltersysteme kommen vom UV bis ins FIR zur Verwendung. Für Wellenlängen oberhalb von 50 μm lassen sich Bandpaß- und Langpaßcharakteristiken mit fotolithographisch hergestellten Metallmaschenstrukturen als reflektierenden Schichten realisieren [70]. Diese Maschenfilter haben eine Transmission von mehr als 60% und steilere Flanken als Filter, die auf der Phononenabsorption beruhen.

Interferenzfilter haben andere Filterkonstruktionen — bis auf die billigeren Absorptionsfilter — weitgehend entbehrlich gemacht. Ihre Durchlässigkeit hängt nicht nennenswert von der Temperatur ab (10^{-2} nm/K im VIS). Durch Temperaturen oberhalb von 70 °C können sie irreversibel geschädigt werden. Da sie die nicht durchgelassene Strahlung weitgehend reflektieren, bleibt ihre Erwärmung auch bei intensiver Bestrahlung gering, wenn darauf geachtet wird, daß die mit dem Filterglas versehene Seite, die man an ihrer Färbung erkennt, der Quelle abgewandt ist. Auch Feuchtigkeit kann bei unvollkommen geschützten Ausführungen zu Veränderungen führen. Freiliegende Schicht-Oberflächen, z. B. von Teilerspiegeln, dürfen selbstverständlich nicht berührt werden.

Sehr geringe Halbwertsbreiten besitzen *Polarisationsinterferenzfilter*. Bringt man zwischen parallele Polarisatoren eine doppelbrechende Platte unter einem Azimut von 45°, so fehlen im austretenden Licht diejenigen Wellenlängen, für die der Gangunterschied ungeradzahlige Vielfache der halben Wellenlänge beträgt. Durch Kombination mehrerer Platten und Polarisatoren gelang es Öhmann [71], Filter mit Bandpaßcharakteristik aufzubauen. Diese zuerst von Lyot vorgeschlagenen und nach ihm benannten Filter zeichnen sich durch extrem geringe Halbwertsbreiten ($\geqq$ 20 pm im VIS) und eine hohe Maximumdurchlässigkeit aus (30—40%). Sie sind wegen ihrer komplizierten Herstellung sehr teuer, erlauben nur geringe Öffnungswinkel und erfordern eine sorgfältige Temperaturkonstanthaltung, so daß ihr Einsatz Sonderzwecken vorbehalten bleibt. Eine einfachere Konstruktion stammt von Šolč [72]. Neue Filterkonzeptionen, wie die dispersiven magnetooptischen [73] und die dispersiven doppelbrechenden Filter [74], gestatten große Öffnungswinkel (45°) bei geringen Halbwertsbreiten (1—100 pm).

4.4. *Multiplexverfahren*

Gegenwärtig dringen die Multiplexverfahren in die Spektroskopie ein. Während beim konventionellen Durchstimmen eines Monochromators die Spektralintervalle (Kanäle) nacheinander auf den Empfänger treffen, erfassen die Multiplexverfahren viele Spektralintervalle gleichzeitig.

Bei den *optischen Vielkanalanalysatoren* (optical multichannel analyzer, OMA) [Z 15, 22, 75, 76] ist dazu in der Bildebene eines Polychromators ein ortsauflösender Empfänger angebracht. Jedem seiner Einzelelemente ist dann über den Ort ein λ-Intervall zugeordnet. Wie bereits in Abschn. 4.2. festgestellt, wird die spektrale Breite der Wellenlängenkanäle wegen der festliegenden Abmessungen der Empfängerelemente durch Austausch der Dispersoren verändert.

Die Gleichzeitigkeit der Erfassung aller λ-Kanäle ist ein wichtiger Vorzug der Vielkanalanalysatoren. Dadurch wirken sich zeitliche Intensitätsänderungen, die beim Durchstimmen eines Monochromators von spektralen Strukturen nicht unterscheidbar sind, in allen Kanälen gleich aus und verfälschen das Spektrum nicht, solange sie keine spektrale Abhängigkeit besitzen. Im Extremfall läßt sich das Spektrum eines einzigen Impulses gewinnen (Abb. 4.16). Auch können λ-unabhängige Störungen des Strahlenganges toleriert werden, z. B. Gasblasen von Kältemitteln, was mitunter einfachere experimentelle Lösungen ermöglicht.

Der tatsächliche Gewinn an Nachweisvermögen mit Vielkanalmethoden durch die größere Bestrahlungsdauer pro Spektralkanal hängt stark von den Rauschprozessen ab, die bei den verglichenen Ein- und Vielkanalanordnungen wirksam sind. Unter den (unrealistischen) Voraussetzungen, daß dieselben Rauschprozesse wirken und daß sie durch Gl. (2.13) beschrieben werden, erhält man bei gleichem Zeitverbrauch für die Gesamtmessung die k-fache Photonenzahl pro Empfangskanal des optischen Vielkanalanalysators mit k Elementen, und es ergibt sich folglich eine um $k^{1/2}$ verbesserte Nachweisgrenze.

Bei Hadamard-*Spektrometern* [Z 36] befindet sich in der Bildebene eines Polychromators eine Maske mit vielen Spalten. Die Intensitäten der Wellenlängenkanäle der Maske treffen hinter ihr als Summe den Empfänger. Der Summenmeßwert läßt sich durch eine lineare Gleichung der Intensitätswerte mit Koeffizienten beschreiben, die angeben, ob der Spalt des zugehörigen λ-Kanals geöffnet oder geschlossen ist. Die Gesamtheit der ver-

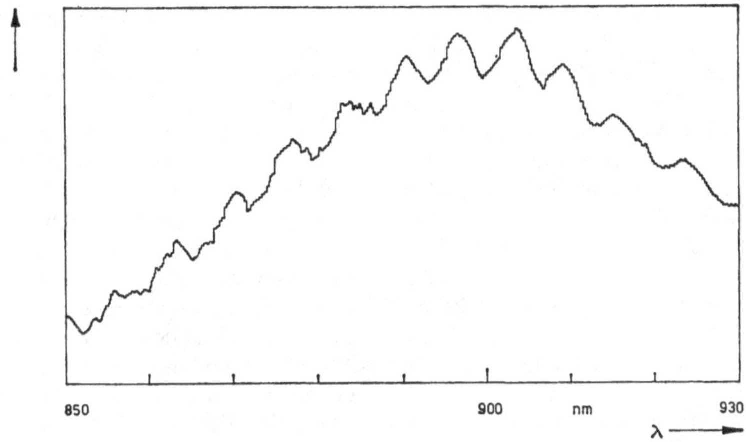

Abb. 4.16. Emissionsspektrum einer Lumineszenzdiode. Alle Spektralintervalle wurden gleichzeitig mit einem optischen Vielkanalanalysator OVA 181 des ZWG [74]) erfaßt.

schiedenen Spaltmasken, mit denen nacheinander weitere Summenmeßwerte ermittelt werden, entspricht einer orthogonalen binären Matrix (HADAMARD-Matrix). Dadurch kann das Gleichungssystem bei optimal ausgelegten Maskensätzen sehr schnell gelöst werden und liefert dann die gesuchten Intensitäten. Eine weitere Spaltmaske an Stelle des Eintrittsspalts erhöht den Lichtleitwert, und eine Rückspiegelung des Lichts macht auch kleinflächige Empfänger einsetzbar.

Unter den Voraussetzungen, die oben beim optischen Vielkanalanalysator benutzt werden (Signalfluktuationsrauschen), ergibt sich durch die vielkanalige Messung mit dem HADAMARD-Spektrometer kein Gewinn. Das Rauschen nimmt nach Gl. (2.13) auf Grund der k-fachen Intensität des Summenmeßwerts um den Faktor $k^{1/2}$ zu, wenn k Kanäle annähernd gleicher Intensität gleichzeitig gemessen werden. Damit wird der Gewinn des Faktors $k^{1/2}$ im Signal-Rausch-Verhältnis gerade aufgewogen, der durch die längere Meßzeit zustande kommt, die jetzt zur Verfügung steht. Ist dagegen das Signal-Rausch-Verhältnis proportional zur Intensität (z. B. bei Empfängerrauschen), so ergibt sich theoretisch ein Gewinn von $k^{1/2}$ im Signal-Rausch-Verhältnis des Spektrums.

Für die bekannten FOURIER-*Spektrometer* [Z 37] sind die gleichen Überlegungen gültig. Beide Verfahren werden deshalb überwiegend im IR eingesetzt. Bei den FOURIER-Spektrometern tritt zum Multiplexgewinn noch die beträchtliche Zunahme des Lichtleitwerts hinzu, die die kreissymmetrischen Interferometer gegenüber den Spaltgeräten aufweisen. Weitere Besonderheiten sind, daß normalerweise Spektralintervalle um 0,1 cm^{-1} aufgelöst werden können und daß die Wellenzahlwerte eine hohe Absolutgenauigkeit aufweisen. Die Summe dieser Eigenschaften ist der Grund für die enorme Leistungsfähigkeit der FOURIER-Spektrometer im Vergleich mit konventionellen Spektralapparaten.

Ein noch ungenutztes Einsatzfeld für die HADAMARD- und FOURIER-Spektroskopie bilden Bestrahlungsmethoden, bei denen das Signal von der Probe abgenommen wird. Dabei stammt das dominante Rauschen nahezu immer von der Probe als Empfänger, so daß ein Gewinn erzielbar ist. Für die Anwendung müssen allerdings die Voraussetzungen erfüllt sein, daß das gleichzeitige Vorhandensein vieler Meßwellenlängen nicht stört und daß der Dynamikbereich und die Zeitkonstante des Meßeffekts angemessene Werte besitzen.

5. **Polarisation** [Z 38—Z 40, Z 23, Z 3]

5.1. Beschreibung des Polarisationszustands

Eine wichtige Frage für die Wirkung elektromagnetischer Strahlung auf Materie ist: Wie ändern sich Betrag und Richtung des elektrischen Feldvektors $\boldsymbol{E}$ an einem Aufpunkt, beispielsweise am Gitterplatz eines Dotierungsions? Dazu soll von der theoretischen Vorstellung einer ebenen, monochromatischen, linear polarisierten Welle ausgegangen werden, die senkrecht auf die Beobachtungsebene trifft, in der sich der Aufpunkt befindet. Der $\boldsymbol{E}$-Vektor hat in allen Punkten des Raums die gleiche Richtung und spannt mit der Wellennormalen eine Schar paralleler Ebenen auf, die als *Schwingungsebenen* des Lichts bezeichnet werden. In einem Aufpunkt in der Beobachtungsebene ändert $\boldsymbol{E}$ dann bei gleichbleibender Orientierung seinen Betrag periodisch mit der Lichtfrequenz. Der Winkel zwischen der Schwingungsebene und einer in der Beobachtungsebene gewählten Bezugsachse X wird als *Schwingungsazimut* bezeichnet.

Zu Verwechselungen kann die historische Bezeichnung *Polarisationsebene* Anlaß geben, die von Geräteherstellern oft verwendet

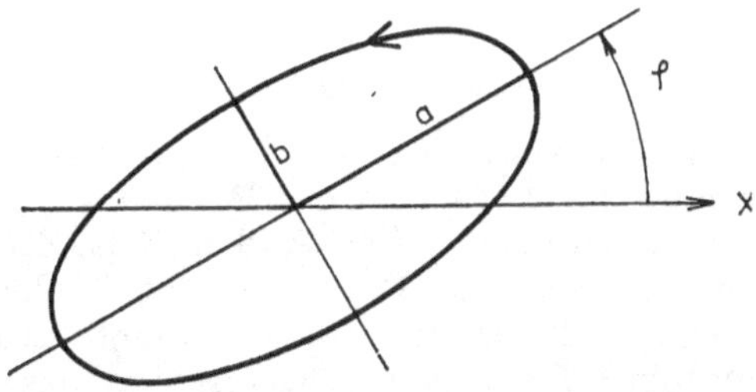

Abb. 5.1. Schwingungsellipse für linksdrehendes elliptisch polarisiertes Licht für einen Beobachter, der zur Quelle blickt: φ — Schwingungsazimut; a, b — Halbachsen

wird. Schwingungsazimut und Polarisationsazimut bilden einen Winkel von 90°.

Wird zwischen Komponenten des $\boldsymbol{E}$-Vektors der Welle eine Phasenverschiebung δ erzeugt, so entsteht i. allg. elliptisch polarisiertes Licht. Durchstößt die elliptisch polarisierte Welle die Beobachtungsebene, so „kreist" der $\boldsymbol{E}$-Vektor im Aufpunkt mit der Lichtfrequenz. Die Amplitude ändert sich dabei so, als ob die „Vektorspitze" eine Ellipse beschreibt (Abb. 5.1). Der Polarisationszustand ist durch das Schwingungsazimut φ der längeren Ellipsenachse, das Verhältnis der Halbachsen b/a bzw. die *Elliptizität*

$$\omega = \arctan (b/a) \tag{5.1}$$

und den Umlaufsinn charakterisiert. Als rechtsdrehendes elliptisch polarisiertes Licht ist vereinbart, wenn man dem Licht entgegenblickend einen Umlauf im Uhrzeigersinn beobachtet.

Ein reales quasi-monochromatisches Strahlenbündel kann, je nach Kohärenzgrad, Strahlung mit verschiedenen Polarisationszuständen enthalten. Tritt im Zeitmittel kein Azimutwinkel und keine Umlaufrichtung am Beobachtungsort bevorzugt auf, so spricht man von natürlicher — oder besser — *unpolarisierter* Strahlung. Das von natürlichen Quellen stammende Licht ist selten völlig unpolarisiert (s. 5.4.). Ein Gemisch aus unpolarisiertem und polarisiertem Licht wird teilweise polarisiert genannt. Der Intensitätsanteil eines bestimmten Polarisationszustands an der Gesamtintensität wird durch den *Polarisationsgrad* P angegeben. P wird bestimmt durch die Extrema der Intensitäten, die durch einen idealen Analysator für den entsprechenden Polarisationszustand fallen:

$$P = (I_{max} - I_{min})/(I_{max} + I_{min}). \quad (5.2)$$

Als *Depolarisationsgrad* wird $D = 1 - P$ bezeichnet. Für allgemeinere Fälle muß zur Definition des Polarisationsgrades auf die STOKES-Parameter zurückgegriffen werden [Z 39, Z 23].

Bei Messungen, bei denen die Polarisation als Meßgröße oder als Fehlerquelle eine Rolle spielt, wird angestrebt, daß schnittwinkelunabhängig über den gesamten Querschnitt des Strahlenbündels die gleichen Polarisationsverhältnisse vorliegen. Oft erfordern die polarisationsoptischen Bauteile einen weitgehend parallelen Strahlenverlauf.

Für die Diskussion komplizierter Polarisationsverhältnisse leistet die POINCARÉ-Kugel [Z 38—Z 40, 77] gute Dienste, obwohl sie ungerechtfertigt selten behandelt wird. Mit ihrer Hilfe ist es möglich, Polarisationsveränderungen anhand einfacher geometrischer Betrachtungen zu verfolgen. Eine POINCARÉ-Kugel hat das Gradnetz eines Erdglobus. Jedem Punkt auf der Oberfläche der Kugel läßt sich ein Polarisationszustand von vollständig polarisiertem Licht umkehrbar eindeutig zuordnen. Dazu wird auf der Längengradteilung der doppelte Wert des Azimutwinkels φ des linear oder elliptisch polarisierten Lichts abgetragen (Abb. 5.2a)). Als Breitengradteilung werden die doppelten Werte der Elliptizität ω aufgetragen. Mit dieser Einteilung wird also linear polarisiertes Licht ($\omega = 0$) auf dem Äquator und zirkular polarisiertes Licht ($\omega = \pm \pi/4$) an den Polen dargestellt. Die restliche

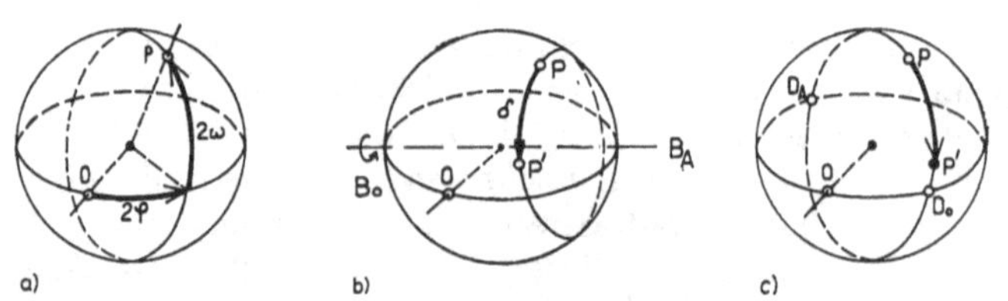

Abb. 5.2. POINCARÉ-Kugel. a) Darstellung von vollständig polarisiertem Licht der Polarisation P auf der POINCARÉ-Kugel: φ — Azimut; ω — Elliptizität; O — Nullpunkt für die Azimutmessung. b) Polarisationsänderung $P \to P'$ beim Durchgang durch eine doppelbrechende Platte, die zwischen den Polarisationszuständen B_O und B_A eine Phasenverschiebung um den Winkel δ bewirkt. c) Polarisationsänderung $P \to P'$ beim Durchgang durch ein Medium mit Dichroismus für die Polarisationszustände D_O und D_A.

Kugeloberfläche nehmen die Darstellungen der elliptischen Polarisationen ein. Entscheidet man sich für die Konvention, für linksrotierendes Licht $b/a > 0$ zu setzen, so wird die Nordhalbkugel von den linksrotierenden Polarisationen bedeckt und die Südhalbkugel von den rechtsrotierenden.

Ein Analysator ist dadurch gekennzeichnet, daß ihn das Licht mit einem bestimmten Polarisationszustand verläßt, dem ein Punkt A auf der POINCARÉ-Kugel zugeordnet ist. Der Bruchteil der Intensität, den der Analysator von Licht einer Polarisation P durchläßt, ist durch $\cos^2 (\widehat{PA}/2)$ gegeben. Ein zu A gehöriger Analysator löscht also Licht aus, dessen Polarisation durch A_A, den Antipoden von A, auf der POINCARÉ-Kugel beschrieben wird. Man überblickt leicht, daß von zirkularpolarisiertem Licht die halbe Intensität durch einen linearen Analysator beliebigen Azimuts hindurchtritt oder daß ein elliptischer Analysator die gleiche Intensität für alle die Polarisationszustände liefert, die auf einem Kreis mit ihm als Zentrum liegen.

Die Wirkung einer einachsig-doppelbrechenden Platte, die zwischen den Polarisationen B_O und B_A die Phasenverschiebung δ hervorruft, wird auf der POINCARÉ-Kugel durch eine Drehung der Kugeloberfläche (bei festgehaltenem Gradnetz) wiedergegeben (Abb. 5.2b). Die Drehung erfolgt um die Verbindungslinie zwischen den Punkten B_O und B_A, deren Lage also unbeeinträchtigt bleibt. Der Polarisationszustand P geht dadurch in P' über. Der Drehwinkel ist gleich der Phasenverschiebung δ. Wenn die Phase für B_O gegenüber B_A einen Vorsprung hat, ist um B_O im mathematisch positiven Sinne zu drehen. Zur Übung kann man sich die bekannten Polarisationsänderungen vergegenwärtigen, wenn ein Lambda-Viertel-Plättchen ($\delta = 90°$) hinter einem Linearpolarisator gedreht wird.

Zeigt ein Medium Dichroismus für die beiden antipodischen Polarisationszustände D_O und D_A, so bewegt sich der Polarisationszustand P auf dem Großkreis $D_O D_A P$, und zwar zu demjenigen der Punkte D hin, der die geringere Absorption aufweist (Abb. 5.2c)). Auch hierbei gelten die Konstruktionen nicht nur für lineare, sondern für beliebige antipodische Polarisationszustände D_0, D_A.

Die Möglichkeiten der POINCARÉ-Kugel sind mit diesen Andeutungen nicht erschöpft. Die rechtwinkligen Koordinaten eines Punktes auf der POINCARÉ-Kugel sind die STOKES-Parameter S_1, S_2, S_3 und stellen die Verbindung zu den Matrixmethoden der Polarisationsoptik [Z 23, Z 38, Z 39] her.

5.2. Polarisatoren

Polarisatoren sollen von der einfallenden Strahlung nur einen definierten Polarisationszustand passieren lassen. Sie werden als Analysatoren bezeichnet, wenn sie zum Untersuchen des Polarisationszustandes eingesetzt werden. Polarisatoren für nicht linear polarisiertes Licht stellt man i. allg. aus Linearpolarisatoren und Retardern zusammen. In definierter Weise teilpolarisiertes Licht wird durch eine durchlässige Platte erzeugt, die im Strahlengang gekippt wird [79].

Zur Linearpolarisierung werden ausgenutzt

1. die Polarisation bei Reflexion und Brechung unter dem BREWSTER-Winkel α_B, sowie zusätzliche Interferenzeffekte, bei den Reflexionspolarisatoren, Platten- und Foliensätzen und Interferenzstrahlteilern,
2. die Doppelbrechung bei den Polarisationsprismen und -strahlteilern,
3. die anisotrope Absorption (Dichroismus, Pleochroismus) bei den Polarisationsfiltern und Gitterpolarisatoren.

Die in Abb. 5.3 dargestellten Einsatzbereiche ergeben sich aus den Materialeigenschaften und der Herstellungstechnologie.

Reale Linearpolarisatoren lassen nicht nur die gewünschte Polarisation durch, sondern noch einen falsch polarisierten Anteil. Außerdem absorbieren sie auch Strahlung der erwünschten Polarisation mehr oder weniger stark. Abb. 5.4 zeigt den Transmissionsgrad $\tau_{\text{lin}}(\varphi)$ eines solchen unvollkommenen Polarisators in Abhängigkeit vom Azimut φ, wenn ideal linear polarisiertes Licht

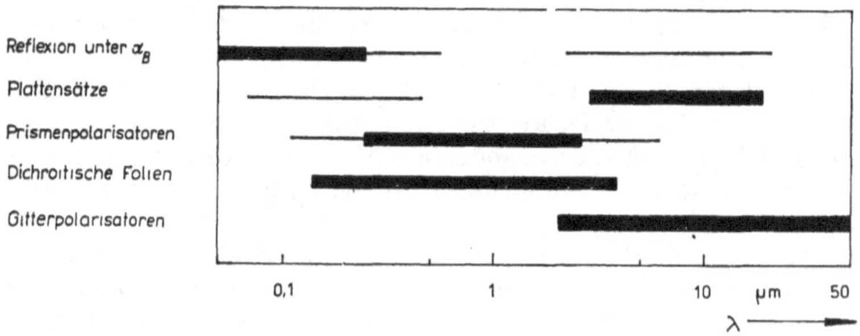

Abb. 5.3. Typische Wellenlängenbereiche für den Einsatz verschiedener Polarisatoren

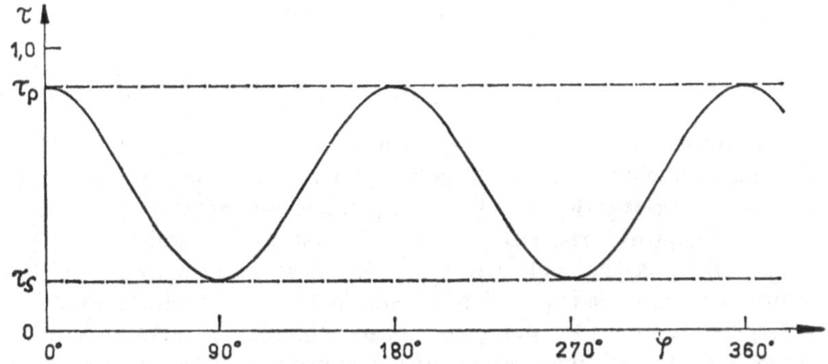

Abb. 5.4. Transmissionsgrad $\tau(\varphi)$ eines unvollkommenen Polarisators in linear polarisiertem Licht bei Drehung des Azimuts φ

auffällt. Das Azimut ist gegen die Sohwingungsebene des linear polarisierten Lichts gemessen. Mit τ_p und τ_s sind die Extremwerte der Messung bezeichnet, die bei paralleler und senkrechter Lage von Schwingungs- und Durchlaßazimut auftreten. Oft wird anstatt dieser beiden Werte das *Extinktionsverhältnis* oder *Polarisationsverhältnis*

$$\varepsilon = \tau_s/\tau_p \tag{5.3}$$

angegeben, um einen Polarisator zu charakterisieren. Wenn Intensitätsfragen eine Rolle spielen, ist zusätzlich die Kenntnis von τ_p wichtig. τ_p und τ_s können stark von λ abhängen.

Der Transmissionsgrad $\tau_{\text{lin}}(\varphi)$ setzt sich zusammen aus einem wunschgemäß polarisierten Anteil, der die $\cos^2\varphi$-Abhängigkeit der Intensität des idealen Polarisators zeigt, und einem Anteil mit falscher Polarisation, den der Polarisator nicht unterdrücken kann:

$$\tau_{\text{lin}}(\varphi) = (\tau_p - \tau_s)\cos^2\varphi + \tau_s. \tag{5.4}$$

Ein solcher Polarisator hat für unpolarisierte Strahlung den Transmissionsgrad

$$\tau_{\text{unpol}} = \frac{1}{2}(\tau_p + \tau_s), \tag{5.5}$$

der sich durch Integration über alle Azimutwinkel φ ergibt und der im Idealfall 50% beträgt. Der Linearpolarisationsgrad P, der sich hinter dem Polarisator ergibt, wenn unpolarisiertes Licht einfällt, ist demnach

$$P = (\tau_p - \tau_s)/(\tau_p + \tau_s). \tag{5.6}$$

Für andere einfallende Polarisationen kann sich ein anderer Wert für den Polarisationsgrad ergeben. Trotzdem wird P nicht nur zur Beschreibung des Polarisationsgrades von Strahlung, sondern auch zur Charakterisierung eines Polarisators angewendet.

τ_p und τ_s lassen sich aus einer Messung gemäß (5.4) nur bestimmen, wenn das einfallende polarisierte Licht einen Polarisationsgrad besitzt, der dem des untersuchenden Analysators überlegen ist. Dreht man zwei unvollkommene Polarisatoren mit vergleichbaren Polarisationsgraden gegeneinander, so ist bei eingestrahltem unpolarisierten Licht

$$\tau_{\mathrm{unpol}}(\varphi) = \frac{1}{2} (\tau_{p1}\tau_{p2} + \tau_{s1}\tau_{s2}) \cos^2\varphi + \frac{1}{2} (\tau_{p1}\tau_{s2} + \tau_{p2}\tau_{s1}) \sin^2\varphi, \tag{5.7}$$

wobei mit 1 und 2 die Größen des 1. bzw. 2. Polarisators indiziert sind. Befinden sich zwischen den Polarisatoren noch optische Bauteile mit polarisationsändernden Eigenschaften, wie sie z. B. Folienpolarisatoren oder Monochromatoren besitzen, so werden die Verhältnisse noch komplizierter, und das Minimum der Transmission tritt nicht mehr exakt bei gekreuzten Polarisatoren auf [80, 81].

5.2.1. Reflexion und Transmission unter dem Brewster-Winkel

Die Reflexion und Transmission einer ebenen Welle an der Grenzfläche zu einem optisch dichteren transparenten Medium werden durch die Fresnelschen Formeln beschrieben. Die Werte des Reflexionsgrades ϱ_p bzw. ϱ_s für Strahlung mit parallel bzw. senkrecht zur Einfallsebene schwingendem $\boldsymbol{E}$-Vektor hängen vom Einfallswinkel α ab (Abb. 5.6). Die Einfallsebene ist die Ebene, die der einfallende und der reflektierte Strahl aufspannen. Während ϱ_s mit steigendem Einfallswinkel monoton zunimmt, verschwindet ϱ_p für einen speziellen Winkel, den Brewster-Winkel α_B, völlig. Das reflektierte Licht ist bei α_B vollständig linear polarisiert, und zwar liegt die Schwingungsebene senkrecht zur Einfallsebene. Dieses Phänomen tritt auf, wenn sich der reflektierte Strahl

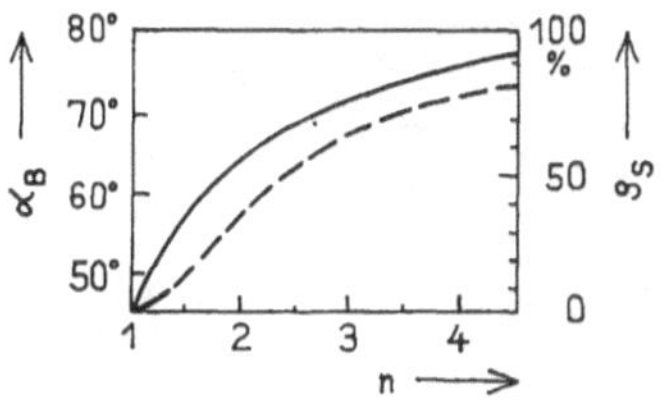

Abb. 5.5. BREWSTER-Winkel α_B (ausgezogene Linie) und Reflexionsgrad ϱ_s (gestrichelt) für senkrecht zur Einfallsebene schwingendes Licht bei Einfall unter dem BREWSTER-Winkel α_B in Abhängigkeit von der Brechzahl n.

senkrecht zu dem ins dichtere Medium gebrochenen Strahl ausbreitet. Aus dem Brechungsgesetz ergibt sich deshalb die Bedingung

$$\tan \alpha_B = n. \qquad (5.8)$$

Bei absorbierenden Medien wird ϱ_p nicht Null, hat aber ein Minimum. Der zugehörige Winkel wird als Pseudo-BREWSTER-Winkel α_B' bezeichnet.

Aus Abb. 5.5 und 5.6 entnimmt man, daß für Polarisatoren aus Glas der BREWSTER-Winkel bei 57° liegt und nur 15% der senkrecht zur Einfallsebene schwingenden Strahlungsleistung reflektiert werden. Beim Einfall unpolarisierter Strahlung stehen also nur 7% der Strahlungsleistung hinter dem Reflexionspolarisator zur Verfügung. Bei $n = 4$ (Ge) sind es dagegen 38%. Entsprechend dem Kurvenverlauf von Abb. 5.6 ist nur in unmittelbarer Nähe des BREWSTER-Winkels das Extinktionsverhältnis $\varepsilon = \tau_p/\tau_s$ ausreichend klein. Bei Reflexionspolarisatoren liegt der volle Öffnungswinkel für $\varepsilon = 1\%$, je nach Brechungsindex, bei 5–7°; für $\varepsilon = 10^{-3}$ bei 1,5–2,5°. Größere Öffnungswinkel lassen sich durch Mehrfachreflexion realisieren, allerdings unter Verlust an Gesamtreflexionsvermögen. Durch drei oder mehr Reflexionen kann der austretende Strahl wieder in die optische Achsenrichtung gebracht werden [82–84]. Allerdings ergeben sich dabei große Baulängen.

Im VUV und UV werden LiF, MgF_2, ZnS und Al- oder Au-Schichten [84] als Reflexionspolarisatoren eingesetzt. Wegen der Reflexionsverluste im VUV ist es von Vorteil, die Abbildungsspiegel gleichzeitig als Polarisatoren auszulegen [85]. Im IR werden mitunter Ge, Se [83] oder Si [82] als Reflexionspolarisatoren verwendet.

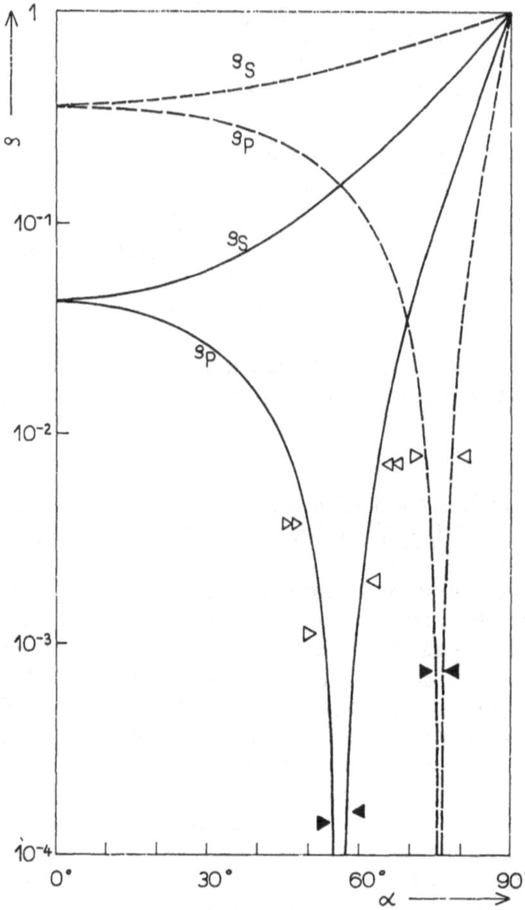

Abb. 5.6. Reflexionsgrad ϱ_p bzw. ϱ_s für parallel (p) und senkrecht (s) zur Einfallsebene schwingendes Licht als Funktion des Einfallswinkels α für $n = 1{,}52$ (ausgezogen) und $n = 4$ (gestrichelt). Dem Extinktionsverhältnis ε entspricht der vertikale Abstand zwischen den logarithmisch aufgetragenen ϱ_s- und ϱ_p-Kurven. Offene Einzeldreiecke kennzeichnen Werte für $\varepsilon = 10^{-2}$, volle Dreiecke für $\varepsilon = 10^{-3}$. Bei zweimaliger Reflexion vergrößert sich der nutzbare Winkelbereich (Doppeldreiecke), aber anstatt ϱ_s wird nur noch $\varrho_s{}^2$ reflektiert.

In den Wellenlängenbereichen, in denen das Transmissionsvermögen der Materialien ausreichend groß ist, werden Transmissionspolarisatoren bevorzugt, falls hohe Ansprüche an das Extinktionsverhältnis nicht Reflexionspolarisatoren erforderlich machen. Die Intensitätseinbußen sind insbesondere bei kleinen Brechzahlen gering, und die Strahlachse bleibt erhalten. Der Polarisationsgrad P, der sich nach dem Durchstrahlen einer Einzelplatte unter dem Brewster-Winkel α_B erreichen läßt, ist nicht ausreichend. Man verwendet deshalb *Plattensätze*. Der Polarisationsgrad P eines Stapels von m parallelen Platten der Brechzahl n wird nur ungenau durch die häufig verwendete Formel

$$P = m \Big/ \left[m + \left(\frac{2n}{n^2 - 1} \right)^2 \right] \tag{5.9}$$

beschrieben. Die praktisch erreichten Werte von P liegen meist höher und kommen durch Interferenzeffekte und Mehrfachreflexionen zustande. Die Werte gelten dann nur für kleinere Wellenlängenbereiche und sind mitunter stark winkelabhängig.

Plattensatzpolarisatoren werden im IR noch häufig von 3—15 µm benutzt, wenn Polarisationsprismen bereits undurchlässig sind und keine Gitterpolarisatoren zur Verfügung stehen. Als Materialien werden Se [86, 87], Polyäthylenfolien, Ge- [88] oder AgCl-Platten verwendet. Das Transmissionsvermögen für die durchgelassene Schwingungsrichtung liegt bei guten Oberflächen der Platten, die insbesondere bei hochbrechenden Materialien wichtig sind, bei 80%. Die Strahlversetzung wird aufgehoben, indem man sie zueinander v-förmig anordnet. Im UV werden mitunter LiF- [89] oder CaF_2-Plattensätze zwischen 150 und 300 nm eingesetzt und im VUV trägerlose Al-Schichten.

Mit dielektrischen Mehrschichtsystemen lassen sich für begrenzte Wellenlängenintervalle gute Extinktionsverhältnisse ε erzielen, auch wenn beträchtlich vom Brewster-Winkel abgewichen wird. Dadurch lassen sich *Interferenzstrahlteiler* mit 90° Ablenkung eines Strahls herstellen (Abb. 5.8f), die im UV-VIS [90] und IR [91] verwendet werden.

5.2.2. *Polarisationsprismen und -strahlteiler*

In Polarisationsprismen wird die Doppelbrechung optisch einachsiger Kristalle ausgenutzt, um aus der einfallenden Strahlung eine lineare Polarisation mit definiertem Azimut auszusondern.

Polarisationsprismen bestehen meist aus zwei Teilprismen, die durch eine Zwischenschicht aus Kitt oder Luft getrennt sind (Abb. 5.7). Heute wird meist das erste Teilprisma so geschnitten, daß die optische Achse des Kristalls in der Eintrittsfläche des Prismas liegt. Strahlen mit verschiedenen Schwingungsebenen breiten sich dann bei senkrechtem Einfall zwar in der gleichen Richtung aus, aber sie haben unterschiedliche Ausbreitungsgeschwindigkeiten (bzw. Brechzahlen) für die Komponenten, die parallel und die senkrecht zur optischen Kristallachse schwingen. Der Kunstgriff besteht nun darin, daß für eine der beiden Polarisationen eine Totalreflexion herbeigeführt wird, wenn die Strahlung auf die Zwischenschicht oder auf das nachfolgende Teilprisma trifft. Dazu werden der Neigungswinkel der Trennfläche zum Strahl und die Brechzahlen im zweiten Medium so gewählt, daß der Grenzwinkel der Totalreflexion für eine Schwingungsrichtung überschritten wird. Durch die Wellenlängenabhängigkeit der Brechzahlen wird auch der nutzbare Feldwinkel stark wellenlängenabhängig. Die Überlegenheit eines Prismentyps bei der Na_D-Linie gilt deshalb nicht zwangsläufig für entfernte Wellenlängen. Das Längen-Durchmesser-Verhältnis kann durch eine steilere Trennfläche zu Lasten des Feldwinkels verbessert werden. Das Extinktionsverhältnis ε wird von der technischen Perfektion des Prismas und den Einsatzbedingungen beeinflußt. Mit exzellent ausgeführten GLAN-THOMPSON-Prismen wurden ε-Werte bis zu 10^{-7} erreicht. Übliche ε-Werte liegen bei 10^{-4} bis 10^{-5}. Es hat sich als wichtig erwiesen, sowohl die eintretende als auch die austretende Strahlung durch Blenden zu begrenzen, um vagabundierendes Licht abzufangen. Selbstverständlich muß die spezifizierte Durchstrahlungsrichtung eingehalten werden. Die Grenzwerte für die Belastung liegen für verkittete Prismen bei 1 Wcm^{-2} und bei 10 bis 250 Wcm^{-2} für Prismen mit Luftspalt. Diese Werte hängen stark von der Absorption der Kitte und Kristalle und also auch von der Wellenlänge ab.

In Abb. 5.7 ist versucht worden, einen Überblick über die Vielfalt der Prismenformen und ihre Parameter zu geben.

Am häufigsten werden GLAN-THOMPSON- und GLAN-FOUCAULT-Prismen eingesetzt. Sie unterscheiden sich voneinander durch die Kitt- bzw. Luftzwischenschicht. Das AHRENS-Prisma entspricht zwei parallel zum Strahlengang nebeneinander gesetzten GLAN-THOMPSON-Prismen, das MARPLE-HESS-Prisma zwei hintereinander aufgestellten GLAN-TAYLOR-Prismen. Letztere zeichnen sich durch besonders hohe UV-Durchlässigkeit mit einem

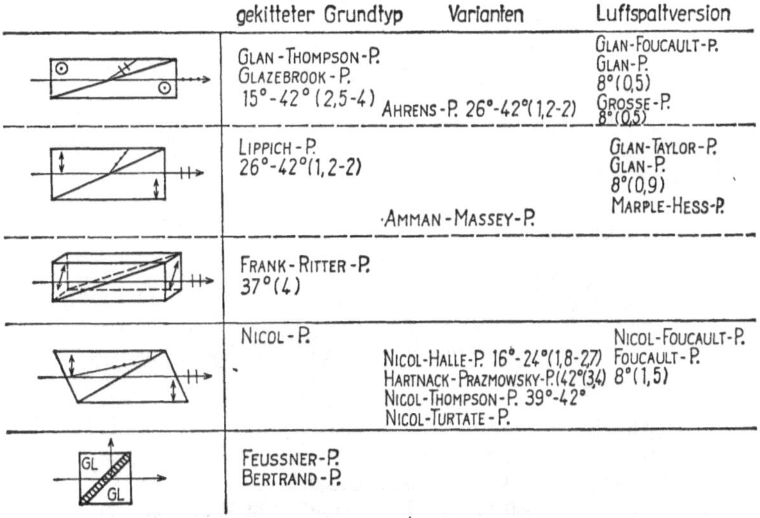

Abb. 5.7. Polarisationsprismen. Die Lage der optischen Kristallachse gibt der Doppelpfeil bzw. Durchstoßpunkt an. *GL* — Glasprisma. -|-|-: Schwingungsebene in der Zeichenebene; -•-•-•-: Schwingungsebene senkrecht zur Zeichenebene. Strahlenverlauf und Schwingungsebene beziehen sich auf Materialien mit negativer Doppelbrechung. Die Angaben der vollen Feldwinkel und der Längen-Durchmesser-Verhältnisse (eingeklammert) beziehen sich auf Calcit bei $\lambda_D = 589$ nm.

für Luftspaltversionen geringen Einfluß der Vielfachreflexionen aus.

Andere Lagen der optischen Achse, wie sie beim NICOLschen Prisma und seinen Varianten auftreten, haben die Nachteile, daß sie über das gesamte zulässige Feld ungleichmäßiger polarisieren und daß sie wesentlich größere Strahlversetzungen bewirken, was bei Drehung sehr stören kann. FEUSSNER- und BERTRAND-Prismen stellen sozusagen die Umkehrung der üblichen Prismenbauweise dar. Bei ihnen wirkt eine doppelbrechende Zwischenschicht zwischen zwei Glasprismen. Beim ABBÉ-Polarisationsprisma ist zwischen zwei Glasprismen ein doppelbrechendes Kristallprisma eingekittet. Die letzten drei Typen liefern nicht die Extinktionsverhältnisse der aufwendigeren Prismen.

In *Polarisationsstrahlteilern* wird die Strahlung in zwei Strahlen aufgeteilt, die zueinander senkrecht polarisiert sind (Abb. 5.8).

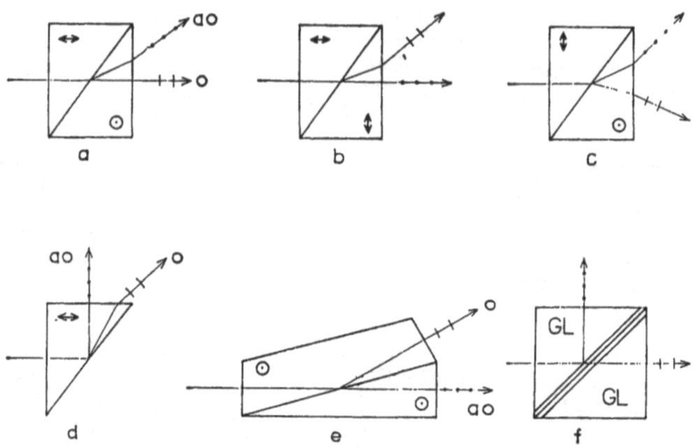

Abb. 5.8. Polarisationsstrahlteiler. *a* — ROCHON-Prisma; *b* — SENARMONT-Prisma; *c* — WOLLASTON-Prisma; *d* — DOVE-Prisma; *e* — strahlteilendes GLAN-THOMSON-Prisma; *f* — Interferenzstrahlteiler. Der Doppelpfeil gibt die Lage der Kristallachsen an. *GL* — Glasprismen

Außer doppelbrechenden Prismen werden auch Reflexions-Transmissions-Anordnungen aus Glas oder IR-Materialien [91] verwendet, die unter 45° reflektieren und durch Interferenzschichtsysteme optimiert sind.

Die Strahlen, die gebrochen werden, zeigen einen Farbfehler, der durch die Wellenlängenabhängigkeit der zugehörigen Brechzahl zustande kommt. Polarisationsprismen werden nur zwischen 130 nm und 5 μm eingesetzt. Dort ist die Differenz der Brechzahlen für den ordentlichen und den außerordentlichen Strahl und der Transmissionsgrad für Dicken von einigen Zentimetern ausreichend groß. Mit dem vorwiegend eingesetzten Calcit (Kalkspat, $CaCO_3$), von dem keine synthetischen Kristalle gezüchtet werden können, läßt sich der Bereich von 220 nm bis 2,7 μm überdecken. ADP wird bis 220 nm [92], kristalliner Quarz bis 160 nm und MgF_2 bis hinab zu 130 nm verwendet. Aus Yttriumorthovanadat lassen sich für den Bereich von 380—3700 nm hochwertige Polarisationsprismen herstellen, die Calcitprismen insbesondere hinsichtlich der Durchlässigkeit überlegen sind. Rutil (TiO_2) findet bis 5 μm Verwendung. Außer dem Prismenmaterial muß auch der Kitt, der die Zwischenschicht bildet, dem Wellenlängenbereich entsprechen, falls nicht ein Luftspalt oder angesprengte

Prismen verwendet werden. Wenn die Absorption des Prismenmaterials beginnt, sich störend bemerkbar zu machen, kann ein flacher Keil aus doppelbrechendem Material benutzt werden, der die Polarisationen um geringe Winkel gegeneinander ablenkt und in dem das Licht nur eine kurze Strecke durchläuft.

Unpolarisiertes Licht läßt sich ohne die übliche Intensitätseinbuße von 50% polarisieren, wenn beide Strahlen eines Polarisationsstrahlteilers weiterverwendet werden. Die Schwingungsebene eines Strahls wird dann mit einem Retarder um 90° gedreht, und danach werden beide Strahlen zusammengeführt [93].

5.2.3. *Polarisationsfilter und Gitterpolarisatoren*

Bei *Polarisationsfiltern* wird der Dichroismus ausgenutzt. Die Absorption für die eine Schwingungsebene ist bei ihnen so groß, daß das durchgelassene Licht fast völlig aus der dazu senkrechten Schwingung besteht.

Zwischen 230 nm und 3 μm werden dichroitische Plastfolien eingesetzt. Folienpolarisatoren haben wesentlich geringere Preise als Prismenpolarisatoren. Sie erfordern keine Einschränkung des Öffnungswinkels und können mit großen Durchmessern (> 10 cm) hergestellt werden. Allerdings absorbieren sie 20 bis 60% der Intensität der durchgelassenen Polarisation. Die polarisierende Wirkung erstreckt sich meist über eine Wellenlängenoktave, während das Transmissionsgebiet größer ist. Für einen Wellenlängenbereich lassen sich verschiedene Extinktionsverhältnisse ε und Durchlässigkeiten τ_p herstellen. ε kann auf Kosten von τ_p bis zu 10^{-5} verringert werden. Da dichroitische Filter naturgemäß auch eine doppelbrechende Wirkung haben, können sich bei hohen Anforderungen Fehler dadurch ergeben [89, 90].

Die am häufigsten verwendeten Polarisationsfolien (Typ H) werden dadurch hergestellt, daß eine Folie aus Polyvinylalkohol, -acetal oder -ketal in einer Richtung gereckt wird, so daß die Polymerketten weitgehend ausgerichtet werden. Danach wird z. B. mit Jod angefärbt, das sich so anlagert, daß sich stark anisotrope Absorptionszentren ausbilden. Der temperaturbeständigere K-Typ entsteht beim Dehydrieren gereckter PVA-Folien, wobei gerichtet Doppelbindungen entstehen. Zum Schutz gegen Feuchtigkeit und mechanische Einflüsse werden die Folien meist zwischen Glasscheiben gefaßt.

Filterpolarisatoren vertragen Strahlungsbelastungen bis zu 0,3 W/cm². Intensive UV Bestrahlung kann die dichroitischen

Zentren ausbleichen. Mitunter treten innerhalb der Polarisatorfläche Inhomogenitäten auf.

Am häufigsten werden im IR oberhalb von 10 µm *Gitterpolarisatoren* eingesetzt. Sie werden für Wellenlängen von 2 µm bis in den mm-Bereich hergestellt. Sie bestehen aus vielen parallelen Streifen eines guten elektrischen Leiters. Bei Wellenlängen, die größer als der Streifenabstand sind, wird nur die Schwingungsebene senkrecht zu den Streifen durchgelassen, wie es bereits die HERTZschen Grundversuche zur Natur der elektromagnetischen Strahlung zeigten. Die Strahlung mit der anderen Schwingungsebene wird reflektiert. Abb. 5.9 zeigt das Herstellungsprinzip

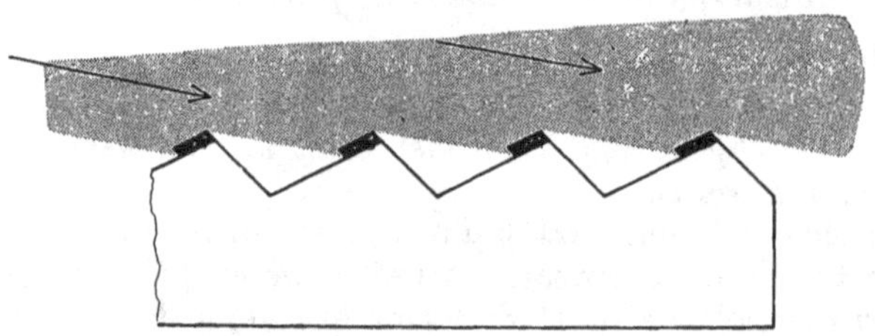

Abb. 5.9. Herstellung von IR-Gitterpolarisatoren durch streifende Metallbedampfung einer feinprofilierten Oberfläche

von IR-Gitterpolarisatoren. Die Polarisatoren können auch freitragend hergestellt werden [94]. Oberhalb von 20 µm sind Gitterpolarisatoren den anderen Polarisatorarten auf Grund ihres hohen Extinktionsverhältnisses ($\varepsilon \leqq 10^{-2}$) bei hoher Durchlässigkeit ($\tau_p \approx 0{,}8$) und großem Öffnungswinkel überlegen. Die Durchmesser liegen bei einigen Zentimetern. Der Einsatz als Strahlteiler ist möglich.

Aus einer Reihe von Substanzen mit starker Anisotropie, z. B. aus pyrolytischem Graphit, lassen sich IR-Polarisatoren für Sonderzwecke herstellen.

5.3. *Retarder und Modulatoren*

Retarder und Modulatoren bewirken einen Gangunterschied Δl zwischen den Komponenten der Strahlung, die in den Richtungen der Retarderachsen liegen. Man verwendet Retarder mit festem Gangunterschied (z. B. Lambda-Viertel-Plättchen), Retarder mit einstellbarem Gangunterschied (Kompensatoren) und Retarder mit zeitlich steuerbarem Gangunterschied (Modulatoren). Die Veränderung des Polarisationszustandes läßt sich auf der POINCARÉ-Kugel verfolgen. $\lambda/4$-Retarder liefern, hinter einem Polarisator unter einem Azimut von $\varphi = 45°$ zu den Retarderachsen aufgestellt, zirkular polarisiertes Licht. Diese Anordnung stellt also einen Zirkularpolarisator dar. Bei $\lambda/2$-Retardern bleibt die Linearpolarisation erhalten, jedoch wird das Azimut um 2φ gedreht. Sie werden deshalb als *Polarisationsrotatoren* benutzt. Mit Hilfe von $\lambda/2$-Retardern läßt sich innerhalb einer Meßkette das Azimut jeweils so drehen, daß es für die Durchlässigkeit eines nachfolgenden polarisationsabhängigen Bauelements (z. B. Monochromators) optimal wird.

Die einfachsten Retarder sind dünne planparallele *Platten* aus ein- oder zweiachsig doppelbrechendem Material (Tab. 5.1).

Tabelle 5.1
Brechzahlen doppelbrechender Substanzen für $\lambda_D = 589$ nm (n_o — Brechzahl des ordentlichen Strahls, n_{ao} — Brechzahl des außerordentlichen Strahls)

Material	n_o	$n_{ao} - n_o$
ADP	1,5246	− 0,0454
$CaCO_3$	1,6584	− 0,1720
KDP	1,509	− 0,041
MgF_2	1,3896	+ 0,0012
SiO_2	1,5442	+ 0,0091
TiO_2	2,6158	+ 0,2871
YVO_4	1,9997	+ 0,2268
Glimmer	1,598	− 0,0048

Bei optisch einachsigen Materialien legt man die optische Kristallachse in die Ebene des Plättchens. Die eine Retarderachse fällt dann mit der optischen Kristallachse zusammen, die andere liegt dazu senkrecht in der Plattenebene. Die einfallende Strahlung läuft ungebrochen weiter, wird aber polarisationsmäßig in den ordentlichen und den außerordentlichen Strahl mit verschiedenen Geschwindigkeiten aufgeteilt. Die Differenz der Brechzahlen dieser beiden Strahlen $n_{ao} - n_o$ ergibt nach dem Austritt aus einem Plättchen mit der Dicke d einen Gangunterschied

$$\Delta l = d(n_{ao} - n_o), \qquad (5.10)$$

dem eine Phasendifferenz von

$$\delta = 2\pi d(n_{ao} - n_o)/\lambda \tag{5.11}$$

entspricht. Da die Brechzahldifferenz nur wenig wellenlängenabhängig ist, erhält man bei der doppelten Wellenlänge etwa den halben Wert der ursprünglichen Phasenverschiebung. Das bedeutet jedoch nicht, daß bei Wellenlängenverdoppelung aus einem $\lambda/2$-Plättchen ein $\lambda/4$-Plättchen wird. Für viele Materialien ergeben sich nämlich für $\Delta l = \lambda/4$ sehr geringe Plättchendicken. Um Interferenzerscheinungen und die Zerbrechlichkeit in Grenzen zu halten, verwendet man deshalb oft Gangunterschiede von $(2k + 1)\,\lambda/m$ für ein λ/m-Plättchen. Die ganze Zahl k kann als Ordnung des Plättchens aufgefaßt werden. Die besprochene Wellenlängenabhängigkeit von δ nimmt mit der Ordnung zu, so daß Plättchen mit hoher Ordnung k eine gewünschte Genauigkeit der Phasenverschiebung nur in einem sehr schmalen Wellenlängenintervall um die Sollwellenlänge besitzen. Um einen Wellenlängenbereich zu überdecken, werden meist viele Plättchen benötigt. Durch Kippen eines Plättchens aus einachsigem Material um eine seiner Achsen läßt sich die Weglängendifferenz innerhalb des Plättchens verändern.

Retarderplättchen (die auch als Phasenplatten bezeichnet werden, sich aber von solchen Platten für das Phasenkontrastverfahren prinzipiell unterscheiden) werden aus Quarz, Glimmer, Gips, ADP, MgF_2 und Kunststoffen hergestellt und in denselben Wellenlängenbereichen wie die entsprechenden Polarisationsprismen verwendet. Bei Quarz verwendet man eine rechts- und eine linksdrehende Teilplatte und kann so auch bei größeren Dicken der verkitteten Platte ein λ/m-Plättchen erster Ordnung erzeugen. Aus dem zweiachsigen Glimmer lassen sich $3\lambda/4$- und $5\lambda/4$-Plättchen mit Dicken um 70 bzw. 150 μm mit Rasierklingen unter Wasser spalten. Die genaue Dicke wird anschließend durch Abtragen dünner Schichten eingestellt, die am Klebeband haften [95].

Ein *Zirkularpolarisator* (Linearpolarisator + $\lambda/4$-Plättchen) läßt sich leicht prüfen, wenn man das durch ihn hindurchgehende Licht senkrecht an einem Spiegel reflektiert und das zurückgeworfene Licht durch denselben Zirkularpolarisator beobachtet. Bei einer senkrechten Reflexion an einer isotropen Oberfläche erfahren alle Komponenten die gleiche Phasenverschiebung. Die Umkehrung der Ausbreitungsrichtung bewirkt jedoch eine Umkehrung des Umlaufsinns, so daß im Idealfall nach dem Analysator

Auslöschung beobachtet wird. Eine einfache Bestimmungsmöglichkeit der Phasenverschiebung ist in [96] angegeben.

Durch Kombination mehrerer Teilplatten läßt sich erreichen, daß die Phasenverschiebung über größere Wellenlängenbereiche weitgehend konstant ist [97]. Die Belastung der Retarderplättchen ist nur in Absorptionsgebieten kritisch. Bei hoher Transparenz werden bis zu 1 kW cm^{-2} vertragen.

Für weitgehend wellenlängenunabhängige Retarder läßt sich die Phasenverschiebung ausnutzen, die bei der *Totalreflexion* zwischen den Komponenten parallel und senkrecht zur Einfallsebene auftritt. Aus den FRESNELschen Gleichungen ergibt sich für diese Phasenverschiebung

$$\tan \frac{\delta}{2} = \frac{\cos \beta \sqrt{n^2 \sin^2 \beta - 1}}{n \sin^2 \beta}, \tag{5.12}$$

wobei β der Winkel ist, unter dem die Strahlung auf die totalreflektierende Fläche fällt. Abb. 5.10 zeigt, mit welchen Winkeln β sich eine Phasenverschiebung bei einer Brechzahl n verwirklichen läßt. Durch einmalige Reflexion läßt sich $\delta = 90°$ nur für $n \geqq 2{,}42$ realisieren, was im IR ohne weiteres möglich ist [98]. Bei den niedrigeren Brechungsindizes der Gläser sind mindestens zwei Reflexionen erforderlich. Das FRESNEL*sche Parallelepiped* versetzt die Strahlachse bei zweimaliger Reflexion parallel (Abb. 5.11). Der Einfluß der geringfügigen Wellenlängenabhängigkeit von n auf den Winkel β für $\delta = 45°$ läßt sich — falls überhaupt erforderlich — durch Neigen des Parallelepipeds korrigieren. Für anspruchslosere Meßaufgaben kann das Parallelepiped aus zwei rechtwinkligen Prismen improvisiert werden.

Das MOONEYsche Rhombusprisma knickt den Strahlengang um 300°. Im Gegensatz zum FRESNEL-Prisma bewirkt hier die Vergrößerung des Einfallswinkels bei der ersten Reflexion dessen Verkleinerung bei der zweiten — und umgekehrt. Dadurch werden Abweichungen der Phasenverschiebung bei größeren Öffnungswinkeln in erster Näherung korrigiert, wie man aus Abb. 5.10 für β um 60° ersehen kann. Das MOONEYsche Prisma erlaubt dadurch größere Feldwinkel (z. B. 16° für 1° Phasendifferenzänderung) als das FRESNEL-Prisma. Mit dreifacher Reflexion läßt sich $\delta = 90°$ ohne Achsenversetzung erzeugen. Dieser ursprünglich von OXLEY [99] vorgeschlagene Strahlengang ist inzwischen mehrfach verbessert worden [100, 101], so daß bei einem Retarder vom UV bis ins NIR nur Phasendifferenzänderungen

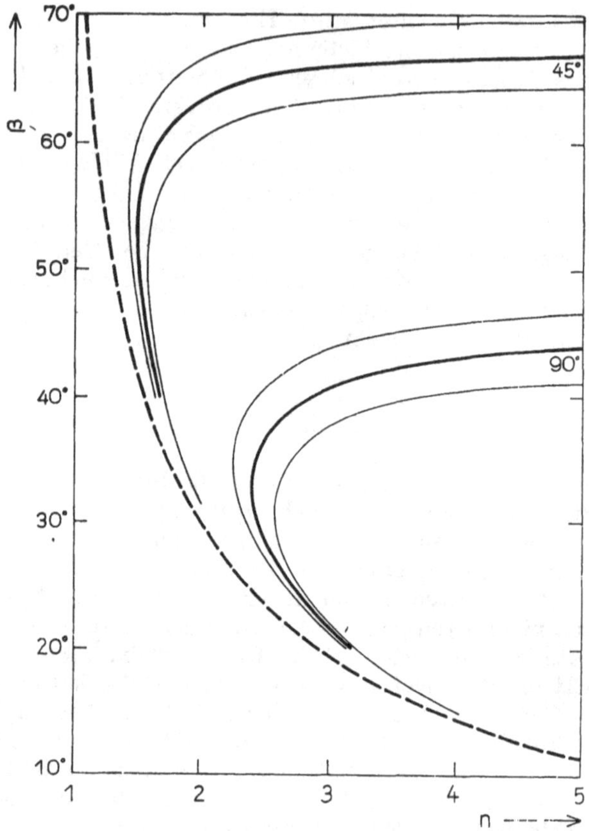

Abb. 5.10. Zusammenhang zwischen Brechzahl n und Einfallswinkel β, wenn bei der inneren Totalreflexion Phasenverschiebungen von 45° bzw. 90° auftreten. Um die dicken Kurven ist der Fehlerbereich für $\pm$ 5° eingezeichnet. Die gestrichelte Linie gibt den Grenzwinkel der Totalreflexion an.

von 0,5° auftreten. Zirkularpolarisatoren durch Reflexion sind auch für das VUV [102] und FIR [103] bekannt.

Stellt man zwei $\lambda/4$-Retarder achsengleich hintereinander, so erhält man $\lambda/2$-Retarder, mit denen die Schwingungsebene gedreht werden kann. Bei zwei Fresnel-Prismen bleibt sogar die optische Achse erhalten, wie auch bei anderen Polarisationsrotatoren [104].

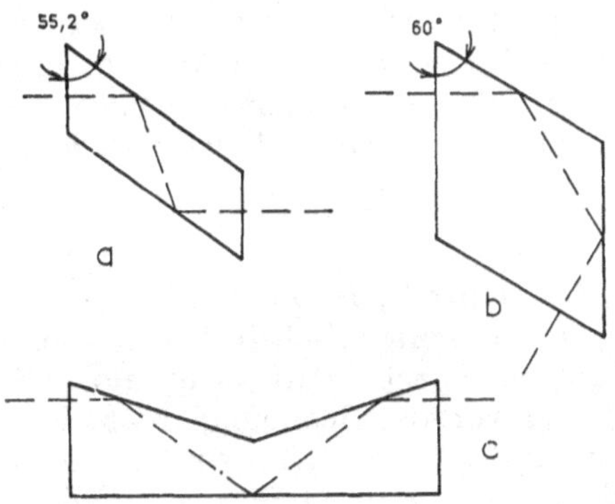

Abb. 5.11. Retarderprismen. *a* — FRESNELsches Parallelepiped; *b* — MOONEY-Rhombusprisma; *c* — OXLEY-Retarder

Bei den einstellbaren Kompensatoren wird die Phasendifferenz durch die Änderung der optisch wirksamen Dicke des doppelbrechenden Materials variiert. Das kann durch Kippen (Kompensatoren nach BEREK, EHRINGHAUS) oder durch Verschieben doppelbrechender Keile (Kompensatoren nach BABINET, MICHEL-LEVY, SOLEIL, WRIGHT) geschehen.

In *Modulatoren* wird durch gut definierte äußere Einflüsse eine Doppelbrechung erzeugt oder eine vorhandene verändert, so daß die Phasenverschiebung δ moduliert wird. Als äußere Einwirkungen werden am häufigsten mechanische Spannungsfelder oder elektrische Felder verwendet. Die Modulatoren dienen nicht nur zur Polarisationsmodulation, sondern zwischen Polaristoren auch zur Intensitätsmodulation. Wie bei den λ/m-Plättchen erfahren verschiedene Wellenlängen unterschiedliche Phasenverschiebungen δ gemäß Gl. (5.11).

Photoelastische Modulatoren [105] bestehen meist aus einem Quarzglasstreifen, der von einem elektroakustischen Transducer zu Schwingungen mit einer festen Frequenz erregt wird. Die mechanische Verspannung führt dann zur Spannungsdoppelbrechung mit oszillierender Amplitude. Gangdifferenzen bis zu einigen µm werden erreicht. Die Frequenzen liegen, je nach Konstruktion, bei 60 Hz [106], 1 kHz [107] und 50 kHz [108].

Elektrooptische Modulatoren basieren auf dem POCKELS-Effekt, bei dem die erzeugte Brechzahldifferenz proportional zur elektrischen Feldstärke $\boldsymbol{E}$ ist, und auf dem KERR-Effekt mit quadratischer Feldstärkeabhängigkeit. In POCKELS-Zellen kann das Feld parallel (longitudinal) oder senkrecht (transversal) zur Strahlachse angelegt werden. Die longitudinale Anordnung ermöglicht große Durchmesser (10 cm), die transversale höhere Modulationsfrequenzen (GHz). Die Phasenverschiebung δ in longitudinalen POCKELS-Zellen ist gegeben durch

$$\delta = n_0^3 r_{63} U/\lambda, \tag{5.13}$$

bei der anliegenden Spannung U, der Brechzahl n_0 für den ordentlichen Strahl und dem elektrooptischen Koeffizienten r_{63}. Die vom Licht durchlaufene Strecke tritt nicht auf. Die Phasenverschiebung hängt nur von der Spannung U ab. Es ist üblich, die Halbwellenspannung $U_{\lambda/2}$ oder U_π für ein Material anzugeben. Das ist diejenige Spannung, bei der $\delta = \pi$ ist. Im VIS liegt $U_{\lambda/2}$ zwischen 2 und 13 kV. Im Vergleich zu photoelastischen Modulatoren ist der Lichtleitwert meist klein, jedoch sind schnelle und nichtperiodische Modulationen möglich.

Für niedrige Frequenzen können rotierende $\lambda/4$-Plättchen als Polarisationsmodulatoren benutzt werden.

5.4. *Störende Polarisation, Depolarisation*

Die Eigenschaften sehr vieler optischer Bauteile sind mehr oder weniger polarisationsabhängig, was meist dadurch zustande kommt, daß die Strahlung Grenzflächen durchsetzt und dabei den FRESNELschen Gleichungen unterliegt. Beim Lichtaustritt aus glühenden Metalloberflächen steigt der Polarisationsgrad von Null bei senkrechtem Austritt bis auf 90% bei streifender „Inzidenz“ an. Diese Erscheinung führt bei Metallfadenlampen zu einem Polarisationsgrad P des Lichts von 1–3% [110, 111]. P hängt von der Oberflächenbeschaffenheit und dem Öffnungswinkel ab und kann sich durch Alterung ändern.

Der mehrfache Durchgang durch Prismen unter Winkeln, die dem BREWSTER-Winkel nahekommen, läßt insbesondere LITTROW-Monochromatoren nahezu wie Polarisatoren wirken [112]. Strahlung, die von Beugungsgittern reflektiert wurde, ist teilpolarisiert, und zwar wird im Regelfall die zu den Gitterfurchen senkrechte Schwingungsebene um so stärker bevorzugt, je mehr der Blazewinkel überschritten wird. Linsen und Fenster können doppelbrechend wirken durch „eingefrorene“ oder thermische Spannungen oder Halterungskräfte. Auch die Empfindlichkeit von Empfängern unterliegt Polarisationseinflüssen. Sie kann sich bei schrägem Einfall um ca. das Zweifache unterscheiden, je nach Orientierung der Schwingungsebene. Auf der Empfängerfläche können Bereiche mit unterschiedlicher Polarisationsabhängigkeit existieren.

Durch diese Einflüsse können Meßfehler entstehen. Intensitätseinbußen lassen sich durch Azimutdrehungen mildern. Es erweist sich meist als schwieriger, den Polarisationsgrad zu verringern, als die Messung so zu konzipieren, daß definiert polarisiertes Licht benutzt wird. *Depolarisatoren* sollen den polarisierten Anteil der Strahlung so umverteilen, daß die Polarisationszustände symmetrisch zum Mittelpunkt der POINCARÉ-Kugel liegen. Bei linear oder schwach elliptisch polarisiertem Licht genügt dazu meist eine Keilplatte aus doppelbrechendem Material [113, 114]. Sie wirkt, unter 45° Azimut zur optischen Kristallachse durchstrahlt, als Retarder mit ortsabhängiger Phasenverschiebung δ und verschmiert die Polarisationszustände mehrfach über einen Großkreis auf der POINCARÉ-Kugel. Die Depolarisation wird dabei nur für den Gesamtlichtstrom erreicht. Schmale Bündel sind nach wie vor polarisiert. Deshalb ist der Aufstellungsort des Depolarisators von Bedeutung. Beispielsweise ist das Licht in jedem Punkt in der Austrittsluke depolarisiert (aber winkelabhängig polarisiert), wenn der Depolarisator in einer Pupille angebracht wird (s. 3.2.). Beliebige Polarisationen können mit dem Depolarisationsprisma von SCHMIDT und VEDAM [115] depolarisiert werden, was allerdings den Strahlengang knickt. Mattscheiben verringern den Polarisationsgrad P um etwa eine, Scheiben aus gepreßten Pulvern um 2 bis 4 Größenordnungen. Dabei treten beträchtliche Intensitätseinbußen auf. Vorzügliche Depolarisatoren sind Glasfaserbündel. Für stationäre Messungen kann mit Polarisationsmodulatoren oder rotierenden Retardern der Polarisationsgrad im Zeitmittel reduziert werden.

6. Strahlungsquellen [Z 41, Z 42]

6.1. *Übersicht*

Die wichtigsten Emissionsmechanismen sind die thermische Emission der Temperaturstrahler und die Rekombination in Gasentladungen. Temperaturstrahler emittieren kontinuierliche Spektren im VIS und IR. Von Gasentladungslampen werden kompliziertere Spektren ausgesandt, wobei durch die Entladungsbedingungen das Verhältnis von Linien- und Kontinuumsstrahlung beeinflußt werden kann. Ihr Hauptanwendungsgebiet liegt im UV. In Abb. 6.1 sind typische Spektren dargestellt. Die Absolutwerte sind wegen ihrer Typabhängigkeit nur zur groben Orientierung geeignet. Nach (3.7) und (3.10) kann man von einer Quelle mit $L_\lambda = 10^{22}$ Photonen/s m² sr nm einen spektralen Strahlungsfluß Φ_λ von 10^{14} Photonen/s nm am Empfänger erwarten, wenn ein Raumwinkel von 0,1 sr bei einer Strahlerfläche von 1 mm² ausgenutzt wird und das Transmissionsvermögen τ der Apparatur 10% beträgt.

Angaben zu *Fluktuationen* des Strahlungsflusses von Lichtquellen sind selten. Bei niedrigen Photonenraten bestimmt die statistische Natur des Photonenstroms die Rauschgrenze (s.

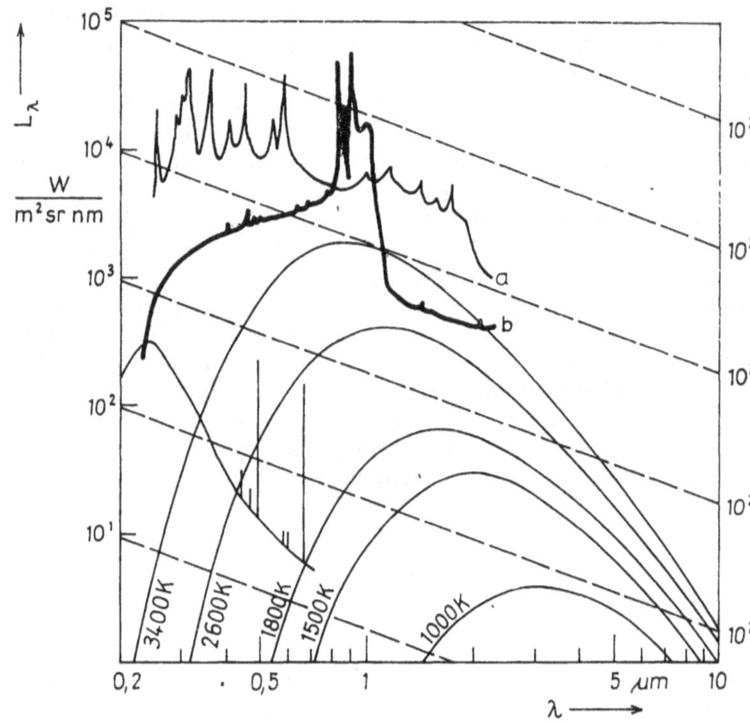

Abb. 6.1. Typische Werte spektraler Strahldichten L_λ. *a* — Hg-Hochdruck-Kurzbogenlampe (100 W); *b* — Xenon-Hochdrucklampe (150 W); links unten — Deuteriumlampe (25 W); rechts unten — Hohlraumstrahler bei verschiedenen Temperaturen. Die schrägverlaufenden Geraden entsprechen den angegebenen Photonenraten in Photonen/s m² sr nm.

2.2.). Oberhalb des Photonenrauschens können Instabilitäten der Spannungsquelle, der Kontakte oder Luftströmungen Fluktuationen verursachen sowie die Lampe selbst. Gasentladungen brennen i. allg. instabiler als Temperaturstrahler. Bei letzteren ist ein mechanisch stabiler Glühkörper wichtig. Erfahrungen aus der Modulationsspektroskopie zeigen, daß mit sorgfältig aufgebauten Anordnungen im 30–3000-Hz-Bereich eine relative Lichtstromkonstanz von 10^{-5} bei Zeitkonstanten von 1 s erzielt werden kann. Störungen durch Schwankungen der Quellenintensität können durch Vielkanalmessung oder schnelle Analogdivision verringert werden [116].

Als *Strahlungsnormale* werden im IR schwarze Strahler [117], im VIS Wolfram-Vakuumlampen, im UV Wolframlampen mit Quarz- oder Korundfenster, Hg-Hochdruck- und Hg- und Xe-Niederdruckstrahler [118] und Deuteriumlampen ($\lambda > 115$ nm [119]) im Labor verwendet.

In Zirkularbeschleunigern emittieren Elektronen auf Grund der auf sie wirkenden Radialbeschleunigung die *Synchrotronstrahlung* [Z 43]. Bei relativistischen Geschwindigkeiten hat die Strahlung nicht mehr die Umlauffrequenz der Elektronen und die Abstrahlcharakteristik eines Dipols. Es wird vielmehr ein kontinuierliches Spektrum abgestrahlt, das sich vom Radiofrequenzbereich bis herunter zu einer Grenzwellenlänge erstreckt, die beispielsweise bei Elektronenenergien von 1 GeV und einem Bahnradius von 10 m bei 0,5 nm liegt. Die spektroskopische Bedeutung der Synchrotronstrahlung beruht auf den hohen spektralen Strahldichten im VUV (bis 10^{22} Photonen/s cm^2 sr eV) und darauf, daß Absolutwerte für die strahlungsphysikalischen Größen exakt berechnet werden können. Die Strahlung wird tangential zur Elektronenbahn abgestrahlt mit einer laserähnlich geringen Divergenz von wenigen mrad in der Richtung senkrecht zur Bahnebene. Es können definierte Polarisationszustände ausgewählt werden. Die Synchrotronstrahlung wird mit (z. T. dafür ausgelegten) Großbeschleunigern erzeugt, aber auch mit transportablen Zyklotrons.

Leuchtdioden emittieren durch die strahlende Rekombination von Ladungsträgern. Das Emissionsspektrum kommerzieller Dioden besteht aus einer Bande mit Halbwertsbreiten von 30–200 nm. Die Bandenmaxima liegen zwischen 550 und 1200 nm. Bei Wirkungsgraden von 0,1–5% werden bei Leistungsaufnahmen von 100 mW Strahlungsleistungen von 0,1–5 mW emittiert. *Laserdioden* mit Pulsdauern von Nanosekunden gewinnen für einfache Kurzzeitexperimente wegen ihrer Leistungen bis zu 100 W an Bedeutung.

Praktisch punktförmige Strahler hoher Strahldichte lassen sich in allen Spektralbereichen durch die Anregung von Gasen, Flüssigkeiten oder Festkörpern mit fokussierter Laserstrahlung erzeugen.

Luftgekühlte *Lampengehäuse* müssen eine ausreichend große Oberfläche aufweisen, damit die Lampen sich nicht zu stark erwärmen. Als Faustregel kann man pro W 4—10 cm^2 Gehäuseoberfläche rechnen. Als günstig hat es sich erwiesen, die verwendeten Lampen in einem gemeinsamen Gehäuse unterzubringen und sie durch kippbare Spiegel nach Bedarf in den Strahlengang zu bringen. Der Arbeitsschutz fordert, daß beim Betrieb von UV-Strahlern die MAK-Werte von Ozon und nitrosen Gasen beachtet werden. UV-Exposition kann zu schmerzhaften Bindehautentzündungen führen. Die langanhaltende Einwirkung intensiver IR-Strahlung trübt Linse und Glaskörper des Auges irreversibel (Glasmacherstar).

In keinem Labor sollte auf ein Paar saubere Stoffhandschuhe beim Hantieren mit Lampen verzichtet werden. Fingerabdrücke mindern nicht nur die UV-Strahlstärke beträchtlich; sie führen bei Quarzkolben auch zur Entglasung. Vor der Inbetriebnahme werden Lampenkolben mit Alkohol oder Aceton gereinigt.

6.2. *Temperaturstrahler*

Spektroskopisch wichtig sind der schwarze Strahler, die Metallfadenlampen und die IR-Strahler.

Die spektrale Strahldichte L_λ eines schwarzen Körpers beschreibt das PLANCKsche Gesetz als Funktion der Temperatur. Die Strahldichte anderer Temperaturstrahler ist um einen wellenlängenabhängigen Faktor, den *spektralen Emissionsgrad* $\varepsilon(\lambda)$, geringer als diejenige schwarzer Strahler. Bei den Glühtemperaturen von Festkörperquellen (1200—3400 K) liegt die Maximalwellenlänge λ_{max} nach dem WIENschen Verschiebungsgesetz $\lambda_{max}\,(\mu m) = 2893/T\,(K)$ zwischen 2,5 µm und 900 nm (Abb. 6.1). Zu kurzen Wellenlängen hin erfolgt ein sehr steiler Abfall, so daß unterhalb von 250 nm keine spektroskopisch nutzbare Emission mehr vorhanden ist. Die Strahldichte im Maximum wächst mit T^5. Für Wellenlängen in der Nähe des Maximums wirkt sich deshalb eine höhere Temperatur stets günstig aus. Im langwelligen Ausläufer ist nach dem RAYLEIGH-JEANS-Gesetz

$$L_\lambda = 2c_0kT/\lambda^4, \tag{6.1}$$

also zu T proportional. Eine T-Erhöhung bringt bei IR-Strahlern keinen Vorteil, da der mäßige Gewinn an Strahldichte im Langwelligen durch den enormen Zuwachs des Streulichtanteils aus dem Maximum übertroffen wird. Vorteilhafte IR-Strahler haben deshalb einen Emissionsgrad $\varepsilon(\lambda)$, der im Maximum der PLANCK-Verteilung geringer ist als im Ausläufer. Der Abfall von L_λ mit λ^4 in Gl. (6.1) macht auf das für das FIR-Gebiet typische Problem der geringen Strahldichten aufmerksam.

6.2.1. *Glühlampen*

Wolframglühlampen finden zwischen 250 nm und 3 μm Verwendung. Ihr Emissionsgrad $\varepsilon(\lambda)$ fällt bei $T = 3000$ K zwischen 400 nm und 3 μm von 0,45 auf 0,25. Die beste Langzeitstabilität haben Vakuumlampen mit niedriger Leuchtkörpertemperatur ($\leq$ 2300 K). In Wolfram-Halogen-Lampen können höhere Strahldichten durch höhere Wendeltemperaturen von 3200—3400 K erzielt werden.

Der aus technischen Gründen bei diesen Lampen übliche Quarzkolben bietet eine gute UV-Durchlässigkeit. Absorptionslinien der Halogene sind bemerkbar [120]. Wichtig für die Lebensdauer der Lampen ist, daß die Sockeldurchführungen aus Molybdän nicht überhitzt oder mechanisch beansprucht werden. Die kurzwendligen Niederspannungstypen haben die geringste Erschütterungsempfindlichkeit. Im Vergleich zu den üblichen Zweistiftsockeln lassen sich Autoscheinwerferlampen oder Lampen mit speziellen Sockelausführungen [121] stabiler haltern und dadurch mechanisch entstehende Fluktuationen reduzieren. Instabile Temperaturverhältnisse in der Lampenumgebung, z. B. Luftströmungen, beeinträchtigen ebenfalls die Stabilität des Lichtstroms. Betreiben mit Unterspannung verlängert die Lebensdauer der Halogenlampen im Gegensatz zu gasgefüllten und Vakuumlampen nicht. Schädlich ist häufiges Einschalten durch den Einschaltstromstoß.

Aus den Betriebsgesetzen der Lampen gehen die Anforderungen an die Versorgungsgeräte hervor. Wegen $\Phi \sim U^{3\ldots4}$ und $\Phi \sim I^{5\ldots7}$ beträgt die relative Änderung des Lichtstroms $\Delta\Phi/\Phi$ das 3—4fache der relativen Spannungsänderung $\Delta U/U$ bzw. das 5—7fache der relativen Stromänderung $\Delta I/I$.

6.2.2. IR-Strahler

Der NERNST-*Stift* ist zwischen 2,5 und 15 μm die günstigste Strahlungsquelle [122]. Er besitzt oberhalb von 4 μm einen Emissionsgrad von $\varepsilon \approx 0{,}8$. Bei kürzeren Wellenlängen liegt ε bei 0,3, so daß wenig kurzwelliges Streulicht auftritt. Die obere Einsatzgrenze liegt bei 25 μm. Er wird bei Temperaturen von 1500 bis 1800 K betrieben. Das knapp streichholzgroße Röhrchen aus Zirkonoxid mit Beimengungen von Oxiden Seltener Erden ist bei Zimmertemperatur nicht elektrisch leitend. Der Stift wird mit einer Zusatzheizung erwärmt, bis er elektrolytisch leitet, und danach von der Betriebsstromquelle (ca. 90 V; 0,5 A) über einen Vorwiderstand erhitzt. Zur Reoxydation der an der Kathode abgeschiedenen Metalle ist der Zutritt von Luftsauerstoff nötig. NERNST-Stifte sind im kalten Zustand sehr zerbrechlich und werden bei der Betriebstemperatur bereits durch geringe Kräfte (z. B. von den Halterungsdrähten) deformiert. Zur Verlängerung der Lebensdauer, die bei täglicher Benutzung zwischen einem Monat und einem Jahr schwankt, ist es günstiger, bei Unterbrechungen der Messung die Stärke des Stromes zu verringern, als ihn abzuschalten. Stäbe aus *Siliziumkarbid* (Silit-, Cesiwidstab, Globar) arbeiten bei niedrigerer Temperatur (1200–1500 K) als NERNST-Stifte. Sie haben auf Grund ihrer Größe (ca. ⌀ 6×50 mm) Leistungsaufnahmen zwischen 200 und 500 W, so daß sie ihre Umgebung thermisch beeinträchtigen. Ihre Maximalwellenlänge liegt bei 1,8 μm. Die Betriebstemperatur erreicht der Stab wegen seiner guten Wärmeleitfähigkeit nur im mittleren Drittel. Sie werden auch oberhalb von 20 μm eingesetzt, wobei Filter aus schwarzem Polyäthylen und Kristallquarz für die Absorption der kurzwelligen Strahlung sorgen. Für Silitstäbe sind Vorwiderstand und Startheizung nicht erforderlich. Die Versorgungsspannung muß einstellbar sein, da sich im Laufe der Zeit der Widerstand des Stabs erhöht. SiC-Stäbe brennen auf Grund ihrer größeren Masse konstanter und haben eine größere Lebensdauer als NERNST-Stifte. Fluktuationen können durch Kontaktschwierigkeiten zustande kommen.

Für geringe Anforderungen eignen sich auch Stäbe oder Wendeln aus hochschmelzenden Metallen, z. B. Chrom-Nickel-Legierungen [123], die mit gesinterten Schichten überzogen sein können [124]. Oberhalb von 50 μm wurden früher der AUER-Brenner, der unterhalb von 10 μm nur wenig emittiert, die Zirkonpunktlichtlampe [125] und der Kohlebogen [126] verwendet. Ihnen überlegen sind Hg-Lampen des mittleren Druckbereichs, die einen größeren

Prozentsatz ihrer Strahlung im FIR abgeben. Der heiße Quarzkolben emittiert selbst, und oberhalb von 100 µm wird auch Plasmastrahlung von ihm durchgelassen. Ein Wasserkühlmantel reduziert den kurzwelligen Anteil weiter.

6.3. Gasentladungslampen [Z 41, Z 42, Z 44]

Die Strahlung von Gasentladungslampen entsteht durch die Rekombination elektrisch angeregter Atome oder Moleküle und durch die thermische Emission der Elektroden. Wegen des Stoßionisationsmechanismus für die Stromleitung weist die Strom-Spannungs-Charakteristik mindestens Teilbereiche mit negativer Steigung $\mathrm{d}U/\mathrm{d}I < 0$ auf. Das macht eine äußere Strombegrenzung erforderlich. Meist wird ein Widerstand (oder bei Wechselstrombetrieb eine Drossel) in Reihe mit Lampe und Spannungsquelle geschaltet. Der Wert dieses Vorschaltwiderstands R ergibt sich bei einer Quellenspannung U_Q aus der Summe der Spannungsabfälle zu $R = (U_Q - U_B)/I_B$, wobei I_B der Betriebsstrom und U_B die Betriebsspannung der Lampe ist. U_Q wird oft wesentlich größer als U_B gewählt, da die Lampen eine Mindestzündspannung benötigen. In vielen Fällen sind Zündgeräte (z. B. TESLA-Trafos) erforderlich, die an spezielle Zündelektroden oder den Versorgungsstromkreis angeschlossen werden.

Entsprechend dem in der Entladungsstrecke herrschenden Druck kann zwischen Hoch- und Höchstdruckentladungen ($>$ 0,1 MPa) und Niederdruckentladungen ($\approx$ 0,5 kPa) unterschieden werden. Bei den *Hochdruckentladungslampen* brennt zwischen den Elektroden ein Lichtbogen, in dem sich die Teilchen weitgehend im thermischen Gleichgewicht befinden. Für die Stabilität der Bogenentladung sind die Randbedingungen entscheidend, die durch den Elektrodenabstand, die Ausbildung der Wandungen oder der Strömungsverhältnisse beeinflußt werden können. Bei den hohen Temperaturen und Drücken sind die Linien stark verbreitert. Häufiges Einschalten der Hochdrucklampen verringert ihre Lebensdauer, die sonst durch die Entglasung des Quarzkolbens und die damit wachsende Explosionswahrscheinlichkeit und die Elektrodenzerstäubung begrenzt wird. *Niederdruckentladungslampen* weisen gegenüber Hochdrucklampen nur geringe Linienbreiten von einigen pm auf. Trotz ihrer geringen elektrischen Leistungsdichte von 5—50 W emittieren sie wegen der geringen Linienbreiten in ihren intensiveren Linien mit spektralen Strahldichten, die denen der Hochdruckstrahler entsprechen.

6.3.1. *Kontinuumsstrahler*

Xenon-Hochdrucklampen emittieren im UV und VIS mit hoher Strahldichte ein Kontinuum, dem einige Linien überlagert sind (Abb. 6.1). Die Lampe steht auch im kalten Zustand unter einem hohen Innendruck von einigen MPa (Splitterschutz beachten!) und verlangt deshalb hohe Zündspannungen (30 kV). Bei Gleichspannungsbetrieb variiert die Strahldichte über der Längsachse um rund eine Zehnerpotenz. Der höchste Wert tritt unmittelbar über der (unten liegenden) Kathode auf. Gut ausgeführte Xenonlampen brennen, ebenso wie Deuteriumlampen, sehr ruhig (Fluktuationen $\Delta\Phi/\Phi < 10^{-4}$). Ein zusätzliches moduliertes Magnetfeld verbessert die Stabilität. Xenonlampen werden auch als Blitzlampen hergestellt.

Unterhalb von 300—400 nm wird die *Deuteriumlampe* den Wolframlampen überlegen. Sie kann bis hinab zu 160 nm verwendet werden, wenn der Quarzkolben gut UV-durchlässig ist. Die kontinuierliche Strahlung entstammt angeregten Zuständen des D_2-Moleküls, zu der im VIS noch die Balmer-Serie hinzukommt (Abb. 6.1). Die Füllung mit Deuterium liefert im Vergleich zu Wasserstoff eine höhere Ausbeute wegen geringerer Wärmeleitungsverluste. Die Kathode der D_2-Lampen wird vor der Zündung geheizt. Eine Blende mit ca. 1 mm Durchmesser schnürt die Entladung ein und bildet die Stelle mit der höchsten Strahldichte und der besten Stabilität. Meist ist der Öffnungswinkel auf rund 30° eingeengt. Die Strahlungsleistung von D_2-Lampen fällt nach einigen hundert Stunden ab. Von Lampen, bei denen sich in der Blendenumgebung oder am Kolben Beläge zeigen, ist ein starker Rückgang der UV-Emission anzunehmen.

Im kurzwelligen UV spielen *Entladungen in Kapillaren* mit mehr oder weniger diffizilen Elektrodensystemen eine wichtige Rolle [127, 128]. Bei VUV-Quellen müssen die Entladungen sogar bei möglichst niedrigen Drucken aufrechterhalten werden [129], da Fenstermaterialien unterhalb von 104 nm fehlen und die Strahlung direkt ins Vakuum austreten muß. Lampe und Vakuum werden dabei getrennt gehalten durch Blenden mit großem Diffusionswiderstand für das Brenngas. Es werden Kontinua (oberhalb von 60 nm von He, 74 nm von Ne, 106 nm von Ar, 123 nm von

Kr, 147 nm von Xe) mit ca. 30 nm Breite oder Linienspektren emittiert — je nach den Betriebsbedingungen. Die Anregung erfolgt mit Gleichstrom, gepulst, oder elektrodenlos mit Mikrowellen [129, 130] oder Laserstrahlung [131]. Durch *Vakuumfunken* wird Elektrodenmaterial verdampft und zur Emission eines intensiven Kontinuums zwischen 5 und 500 nm angeregt [132].

6.3.2. *Linienstrahler*

Häufig verwendete Linienstrahler sind die Hg-Hochdrucklampe und die Spektral- und Hohlkathodenlampen. Die *Quecksilber-Hochdrucklampen* weisen im UV-VIS eine Reihe äußerst intensiver Linien auf (Abb. 6.1), mit denen unter Zuhilfenahme von Interferenz- oder Farbglasfiltern quasimonochromatische Bestrahlungen mit nm-Linienbreiten durchgeführt werden. Unterlagert ist eine Kontinuumsstrahlung von wenigen Prozent der Strahldichte der intensiven Linien. Der Bereich höchster Strahldichte erstreckt sich über das mittlere Drittel der Entladungsstrecke. Die Hg-Hochdrucklampen benötigen ca. 5 Minuten Anlaufzeit. Nach dem Ausschalten sind sie nur schwer wieder zu zünden, solange sie noch heiß sind.

Spektrallampen emittieren mit geringer Linienbreite die charakteristischen Linienspektren der chemischen Elemente. Ihr Haupteinsatzgebiet ist die Wellenlängeneichung, wozu Tab. 8.3 eine Übersicht gibt. Bei den *Hohlkathodenlampen* befindet sich das charakteristische Material auf der Innenseite einer becherförmigen Hohlkathode und wird durch das negative Glimmlicht eines Füllgases zur Emission angeregt. Sie zeichnen sich durch hohe spektrale Reinheit, gute Brennstabilität und geringe Linienbreiten von einigen pm aus. Ihre spektrale Strahldichte in den intensiven Linien entspricht etwa derjenigen von Xe-Lampen (unter der Bedingung gleicher spektraler Bandbreite).

6.4. *Laser* [Z 45, Z 46]

Grundlagen und Techniken der Laserspektroskopie bilden inzwischen ein eigenständiges Arbeitsgebiet [Z 46—Z 49]. Am häufigsten wird in der Festkörperphysik die hohe Strahldichte der Laser benutzt. Der Strahlungsfluß kann mit beugungsbegrenzten Abbildungssystemen von ausreichender numerischer Apertur auf

Tabelle 6.1
Linien kommerzieller Laser

λ (nm)	Medium
157,5 o	F_2
172,2 o	Xe
193,3 o	ArF
222,0 o	KrCl
235,8 o	Ne
248,4 o	KrF
308,0 o	XeCl
325,0 —	He—Cd
332,4 o	Ne
333,6 —	Ar
334,5 —	Ar
335,8 —	Ar
337,1 o	N_2
350,7 —	Kr
351,1 o	XeF
351,1 —	Ar
351,4	Ar
353,0 o	XeF
355,0 —	Nd (3 ×)
356,4 —	Kr
363,8 —	Ar
379,5 —	Ar
441,6 —	He—Cd
454,5 —	Ar
457,9 —	Ar
460,4 —	He—Se
464,8 —	He—Se
468,0 —	Kr
472,7 —	Ar
476,2 —	Kr
476,5 —	Ar
482,5 —	Kr
484,5 —	He—Se
488,0 —	Ar
496,5 —	Ar
497,6 —	He—Se
499,3 —	He—Se
501,7 —	Ar
506,9 —	He—Se
509,7 —	He—Se
510,6 o	He—Cu
514,5 —	Ar
517,6 —	He—Se
520,8 —	Kr
522,7 —	He—Se
525,4 —	He—Se
527,3 —	He—Se
528,7 —	Ar
530,5 —	He—Se
530,9 —	Kr
534,1 o	Mn
552,3 —	He—Se
556,7 —	He—Se
559,1 —	He—Se
562,3 —	He—Se
568,2 —	Kr
578,2 o	He—Cu
605,6 —	He—Se
627,8 o	Au
628,0 o	F_2
632,8 —	He—Ne
647,1 —	Kr
649,0 —	He—Se
653,0 —	He—Se
676,4 —	Kr
694,3 —	Rubin
722,8 o	Pb
752,5 —	Kr
793,1 —	Kr
799,3 —	Kr

o gepulst; — Dauerstrichbetrieb

Tabelle 6.1 (Fortsetzung)

λ (μm)	Medium	λ (μm)	Medium
0,8—0,9 —	GaAs	5,6 —	CO
1,06 —	Nd (YAG, Glas)	10,6 —	CO_2
1,09 —	Ar	27,9 —	H_2O
1,15 —	He—Ne	66 —	D_2O
3,39 —	He—Ne	119 —	H_2O
		337 —	HCN

Flächen vom Durchmesser einer Wellenlänge konzentriert werden, wobei die Strahltaille im Laser in die Bildtaille transformiert wird [Z 21]. Die Kurzzeittechniken [Z 46], die Durchstimmbarkeit (Farbstofflaser 0,3—1,2 μm [Z 47]; Laserdioden von 2—40 μm) und die extreme Monochromasie der Laser gegenüber den konventionellen spektroskopischen Ausrüstungen haben bedeutende experimentelle Fortschritte ermöglicht [Z 50].

Beim Beginnen mit Laserexperimenten kann man davon überrascht werden, daß außer den spezifischen Laserwellenlängen (Tab. 6.1) auch andere Wellenlängen mit beträchtlicher Strahldichte inkohärent emittiert werden, die sich aber durch lange Lichtwege oder Filter abtrennen lassen. Die Kohärenz der Laserstrahlung, die für kohärente Transienteffekte genutzt wird, stört bei anderen Experimenten durch Interferenzlinien und Granulation. Bei cw-Lasern treten in der Nähe der Schwelle starke Intensitätsfluktuationen auf. Am ruhigsten brennen Laser — abgesehen von gelegentlichen Modensprüngen — im Einmodenbetrieb. Beim Mehrmodenbetrieb kann Modeninterferenz zu Schwankungen führen.

7. Aufbau und Messung

Die meisten spektroskopischen Meßanordnungen stellen Varianten der Anordnungen für Transmissions- bzw. Reflexionsmessungen oder von Methoden zur Bestrahlung oder optischen Beobachtung dar. Einige Details der Methoden, des Aufbaus und der praktischen Durchführung von Messungen werden in diesem Kapitel behandelt, wobei der Abschnitt 7.1. auch Einzelheiten enthält, die für Bestrahlungs-, Beobachtungs- oder modulationsspektroskopische Methoden von Wichtigkeit sein können.

7.1. *Transmission und Reflexion*

7.1.1. *Grundlagen*

Die Reflexion einer ebenen, monochromatischen Welle an der Grenzfläche eines isotropen optischen Mediums und die Absorption darin werden phänomenologisch durch den *komplexen* Brechungsindex $\hat{n}$ beschrieben, der die *Brechzahl* n und den *Absorptionskoeffizienten* k enthält:

$$\hat{n} = n \overset{+}{(-)} ik. \tag{7.1}$$

In der Festkörperphysik wird im Gegensatz zu wellentheoretisch orientierten Arbeiten das positive Vorzeichen bevorzugt. Probleme entstehen bei Phasenangaben, wenn nicht die zum Vorzeichen gehörende Lösung der Wellengleichung benutzt wird [134]. Eine ebene, monochromatische, linear polarisierte Welle, die sich in x-Richtung ausbreitet und senkrecht in das isotrope Medium eintritt, nimmt die Form

$$\boldsymbol{E}(x, t) = \boldsymbol{E}_0 \exp\left[i2\pi\nu nx/c_0 - 2\pi\nu kx/c_0 - i2\pi\nu t\right] \tag{7.2}$$

an (c_0 — Vakuumlichtgeschwindigkeit; ν — Schwingungsfrequenz). Der erste Term zeigt die gegenüber der Ausbreitung im Vakuum veränderte Geschwindigkeit $c_n = c_0/n$; der zweite Term, daß die Amplitude im Medium exponentiell abklingt. Für die Energiestromdichte φ, die dem Quadrat des Mittelwerts von $\boldsymbol{E}$ proportional ist, ergibt sich nach Durchlaufen der Strecke d im Medium

$$\varphi(d) = \varphi_0 \exp\left(-4\pi\nu kd/c_0\right), \tag{7.3}$$

wenn die Intensität nach dem Eintritt ins Medium mit φ_0 bezeichnet wird. In Tab. 7.1 sind die verschiedenen Möglichkeiten zusammengestellt, in denen die Konstanten dieses BOUGUER-LAMBERT-Gesetzes dargestellt werden.

Mit der Reflexionsspektroskopie [Z 51, Z 52] werden vorzugsweise hohe Absorptionskoeffizienten ($k \gg 1$) erfaßt, bei denen in Transmission auch sehr dünne Proben keine meßbare Intensität mehr durchlassen. Der *Reflexionsgrad* oder Reflexionskoeffizient $\varrho(\lambda)$ an einer Oberfläche gibt das Verhältnis der reflektierten Intensität φ_r zur auftreffenden Intensität φ_{0ex} an:

$$\varrho = \varphi_r/\varphi_{0ex}. \tag{7.4}$$

Tabelle 7.1
Größen zur Kennzeichnung der Absorption

Größe		Einheit	Beziehung
Reintransmissionsgrad	τ_i	—	$\tau_i = \varphi/\varphi_0$
(Dekadische) Extinktion, Optische Dichte	D	—	$D = -\lg(\varphi/\varphi_0)$
Diabatie	Θ	—	$\Theta = 1 - \lg(\lg \tau_i^{-1})$
Absorptionskonstante	α	cm^{-1}	$\tau_i = \exp(-\alpha d)$
Absorptionskoeffizient	k	—	$\tau_i = \exp(-4\pi k d/\lambda_0)$
Absorptionsindex	$\varkappa$	—	$\tau_i = \exp(-4\pi n \varkappa d/\lambda_0)$ $= \exp(-4\pi \varkappa d/\lambda_n)$
Imaginärteil der komplexen Dielektrizitätskonstanten	ε_2	—	$\varepsilon_2 = 2nk$
Dekadischer Extinktionsmodul	m	cm^{-1}	$\tau_i = 10^{-md}$
Molarer dekadischer Extinktionsmodul	ε	$cm^{-1}mol^{-1}$	$\tau_i = 10^{-c_m \varepsilon d}$

c_m — Molkonzentration, λ_0 — Vakuumwellenlänge

Bei senkrechter Inzidenz liefern die FRESNELschen Gleichungen bei isotropen Medien polarisationsunabhängig

$$\varrho = \frac{(n-1)^2 + k^2}{(n+1)^2 + k^2}. \tag{7.5}$$

Mit *ellipsometrischen Messungen* [Z 53, Z 54] lassen sich aus den Polarisationsveränderungen bei schräger Reflexion n und k zuverlässig bestimmen, woraus u. a. auch auf den Oberflächenaufbau geschlossen werden kann.

Eine Variante der Reflexionsspektroskopie ist die Messung der *abgeschwächten Totalreflexion* (ATR; Internal Total Reflection: ITR; Frustrated Multiple Internal Reflection: FMIR). Dabei wird über die gedämpfte Welle, die bei Totalreflexion innerhalb des dünneren Mediums in Oberflächennähe auftritt, dessen Absorption erfaßt [Z 55, Z 52, 135]. Diese Methode wird vorzugsweise in dem k-Zwischengebiet angewandt, in dem weder ϱ- noch τ-Messungen befriedigende Ergebnisse liefern. Damit können auch Tiefenprofile bis 2λ mit einer Tiefenauslösung von $\lambda/10$ aufgenommen werden [136].

7.1.2. *Schwierigkeiten*

Das relativ hohe Reflexionsvermögen der Festkörper kann sich bei Transmissionsmessungen störend bemerkbar machen. Gl. (7.3) liefert voraussetzungsgemäß nur dann korrekte Werte der Absorptionskonstanten und der anderen Größen in Tab. 7.1, wenn sowohl für $\varphi(d)$ als auch für φ_0 die Intensitätswerte *innerhalb* des Mediums bei *paralleler* Strahlung eingesetzt werden und Reflexionen an der Probenrückfläche keine Rolle spielen.

Da man in der Praxis darauf angewiesen ist, an Stelle der korrekten Werte φ_0 und $\varphi(d)$ diejenigen Intensitätswerte zu messen, die vor und nach der Probe angenommen werden, so ergibt sich bei höherem Reflexionsgrad ein beträchtlicher Fehler (Abb. 7.1). Die äußere Strahlungsintensität $\varphi_{0\mathrm{ex}}$, die nach der Reflexion an der vorderen Probenfläche mit der Intensität $\varphi_0 = (1 - \varrho)\, \varphi_{0\mathrm{ex}}$ eindringt, erreicht die Rückfläche mit $(1 - \varrho)\, \varphi_{0\mathrm{ex}} \exp(-\alpha d)$, wovon $(1 - \varrho)^2\, \varphi_{0\mathrm{ex}} \exp(-\alpha d)$ austritt. Der fehlende Teil wird nach vorn reflektiert und weiter abwechselnd absorbiert und

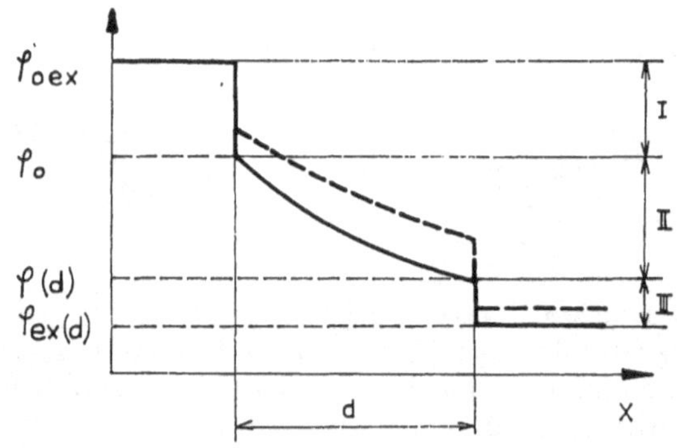

Abb. 7.1. Änderung der Strahlungsflußdichte φ beim Durchgang durch ein Medium der Dicke d. Ausgezogene Kurve: beim ersten Durchlauf. I — Reflexionsverlust an der Vorderfläche; II — gesuchte Änderung durch Absorption; III — Reflexion an der Rückseite. Gestrichelte Kurve: mit Vielfachreflexionen

reflektiert oder durchgelassen. Nach unendlich vielen Reflexionen (ohne Interferenz) ergibt sich für den meßbaren äußeren Transmissionsgrad

$$\tau_{ex,\infty} \doteq (1 - \varrho)^2 \exp(-\alpha d)/[1 - \varrho^2 \exp(-2\alpha d)]. \quad (7.6)$$

Für viele Proben, insbesondere dicke und solche mit Oberflächenrauhigkeiten, ist es zutreffender, wegen der mit den Reflexionen zunehmenden Divergenz des Strahlengangs nur eine Rück- und Hinreflexion zu berücksichtigen, wofür sich

$$\tau_{ex,2} = (1 - \varrho)^2 \exp(-\alpha d) [1 + \varrho^2 \exp(-2\alpha d)] \quad (7.7)$$

ergibt. Für $\varrho^2 \exp(-2\alpha d) \ll 1$, was häufig erfüllt wird, kann die eckige Klammer in Gl. (7.6) oder (7.7) unberücksichtigt bleiben. Unter dieser Voraussetzung, daß die Probe stärker absorbiert als reflektiert, ist an Stelle einer rechnerischen Ermittlung von α aus Gl. (7.6) oder (7.7) die Messung von zwei gleichartigen Proben, die sich nur in den Dicken unterscheiden, sicherer. Im Verhältnis ihrer äußeren Transmissionsgrade

$$\tau_{ex}(d_1)/\tau_{ex}(d_2) = \varphi_{ex}(d_1)/\varphi_{ex}(d_2) = \exp[\alpha(d_1 - d_2)] \quad (7.8)$$

ist ϱ nicht mehr enthalten, und auch φ_0 wird nicht benötigt.

Der Meßbereich für den Transmissions- und Reflexionsgrad erstreckt sich im UV—MIR mit Einfachmonochromatoren normalerweise von $10^{-2} < \tau < 1$ (mit Doppelmonochromatoren von $10^{-5} < \tau < 1$), was Absorptionskonstanten von $\alpha < 5/d$ bzw. $\alpha < 12/d$ entspricht. Die Relativgenauigkeit der α-Messung hängt in erster Linie vom Signal-Rausch-Verhältnis und damit meist von der spektralen Auflösung ab. Sie erreicht ihre besten Werte für $\tau = 0{,}2-0{,}7$ und legt damit einen Richtwert für die Probendicke fest. Sehr hohe Empfindlichkeiten ($\Delta\tau/\tau \geqq 10^{-6}$) erreicht man mit Differenzspektrometern, die den Ortsmodulationsverfahren ähnlich sind (s. 7.3.).

Bei *Dünnschichtproben* lassen sich makroskopische optische Weglängen mit den von GAL u. a. [143] angegebenen Verfahren erzielen, falls eine breitbandige Lumineszenz angeregt werden kann. Die Emission aus dem Brennfleck eines Lasers läßt sich dann als Lichtquelle verwenden, die sich direkt in der Schicht befindet (Abb. 7.2). Bei der sonst üblichen Senkrechtdurchstrahlung dünner Schichten sind Methoden, die die absorbierte Strahlung erfassen (s. 2.6.), den Transmissionsmessungen überlegen.

Bei *zylindrischen Proben* wird der bei planparallelen Proben übliche parallele Strahlenverlauf vorteilhaft durch Fokussieren in die

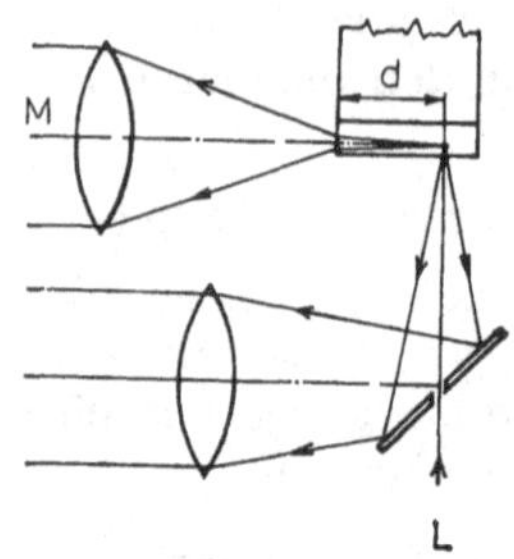

Abb. 7.2. Laterale Absorptionsmessung in schichtförmigen Proben [143]. *L* — Anregungslaserstrahl; *M* — Meßstrahlengang; *V* — Vergleichsstrahlengang

Probenachse abgewandelt, wodurch der Durchmesser als optische Weglänge wirkt.

Festkörperproben machen häufig wegen ihrer *Kleinheit* Zwischenabbildungssysteme erforderlich [137, 147—150]. Extreme Schwierigkeiten treten bei dünnen Proben auf, wenn die Vielfachreflexionen zu *Interferenzen* führen, die das eigentliche Spektrum überdecken. Mitunter werden solche Störungen zur Dickenmessung (auch in Reflexion [144]) oder Brechzahlbestimmung [145] ausgenutzt. Oft kann durch Aufrauhen der Oberfläche, keilförmige Proben, Einbetten in Medien gleicher Brechzahl oder günstige Wahl der Halbwertsbreite (Optima bei $\Delta\sigma_{1/2} = k/2nd$ mit $k = 1, 2, 3, \ldots$) oder des Öffnungswinkels der interferenzbedingte „Störpegel" herabgesetzt werden. Einen eleganten Ausweg bietet die Messung unter dem Brewster-Winkel (Gl. (5.8)) mit dem Schwingungsazimut, für das der Reflexionsgrad und damit die Interferenzen verschwinden, was sich über ungefähr eine λ-Oktave mit einer Winkelstellung bewerkstelligen läßt [146].

Bei stark *streuenden Proben* ist die photoakustische Spektroskopie die angemessene Methode (s. 2.6.). Streuende Oberflächen können durch Einbetten in Substanzen ähnlicher Brechzahl „verbessert" werden. Bei Transmissionsmessungen an stark streuenden Proben ist es üblich, mit einer *Integrationskugel* [Z 51, Z 52] zu messen, um die Strahlung im Halbraum hinter der Probe oder um die gesamte Probe herum zu erfassen. Improvisationen sind durch Abbildungssysteme mit großem Öffnungsverhältnis, aufgefächerte Lichtleitkabel oder durch Kästen, die mit geknitterter Al-Folie ausgelegt sind, möglich.

Diese Hilfsmittel werden auch in der *Reflexionsspektroskopie* eingesetzt, wenn die Probe diffus reflektiert [Z 51, Z 52]. Beim Messen unter spiegelnder (regulärer) Reflexion sind jedoch die Verhältnisse definierter und die Messungen komplikationsärmer durchführbar. Bei Absorptionskonstanten von $\alpha > 1/\lambda$ klingt die Strahlung innerhalb einer Wellenlänge ab. ϱ reagiert dann sehr empfindlich auf die Beschaffenheit der Oberfläche, deren Präparation beherrscht werden muß. Umgekehrt führen niedrige Absorptionskonstanten von $\alpha < 5/d$ dazu, daß Strahlung durch dünne Proben hindurchtreten kann und von der Rückseite oder tieferen, andersartigen Schichten der Probe verfälschende Anteile im reflektierten Licht auftreten. Ausdrücke für das Reflexionsvermögen geschichteter Proben [151] sind nicht in jedem Falle zum Entschlüsseln von Meßergebnissen an solchen Proben geeignet, wohl aber zum Fehlerabschätzen.

7.1.3. Anordnung

Bei Transmissions- und Reflexionsmessungen wird der Spektralapparat nur in einem der beiden optischen Zweige von Abb. 1.1 benötigt, solange die Probe die Wellenlänge nicht verändert. Üblich ist im IR die *Stellung der Probe* vor dem Monochromator, im UV danach. Wellenlängenänderungen durch die Probe treten auf, wenn sie durch starke Strahlungskonzentration zu thermischer Eigenemission angeregt wird, lumineszíert oder nichtlineare Effekte eine Rolle spielen. In Extremfällen hilft die Anordnung der Probe hinter dem Mittelspalt in einem additiven Doppelmonochromator. Meist aber genügt das Einschränken des auf die Probe treffenden Spektralgebiets durch Ausfiltern und eine günstige Wahl des Aufstellungsorts der Probe (s. 3.2.4.) und des Zerhackers.

Mit *Zerhackern* und dem Nachweis des modulierten Strahlungsanteils mit Lock-in-Verstärkern [Z 56] kann die Strahlung an einer signifikanten Stelle des Strahlengangs (mit selektiv absorbierenden Zerhackerflügeln auch spektral) gekennzeichnet werden. Strahlung, die im weiteren Verlauf hinzutritt, enthält keine modulierten Anteile. Zu beachten ist, daß die Zerhackerflügel im IR thermisch emittieren. Es werden auch mehrere Zerhacker mit unterschiedlichen Frequenzen oder entgegengesetzter Phasenlage verwendet, um verschiedene Einflüsse innerhalb der Meßstrecke zu trennen oder zu eliminieren. Ungleichmäßiger Lauf des Zerhackers, z. B. bei großen Kugellagern und dehnbaren Übertragungsgliedern vom Motor, führt bei phasenempfindlicher Gleichrichtung zu beträchtlichen Störpegeln. Bei Zweistrahlverfahren werden die Zerhacker als Sektorspiegel ausgebildet und wirken dadurch gleichzeitig als Strahlteiler. Die Messung der beiden Intensitätswerte φ_{0ex} und $\varphi_{ex}(d)$, die zur Bestimmung von τ benutzt werden, kann auf vielfältige Weise vorgenommen werden (Abb. 7.3). Bei *Einstrahlmessung* verzweigt sich der Lichtweg zwischen Quelle und Empfänger nicht. Die Werte φ_{0ex} und $\varphi_{ex}(d)$ werden nacheinander bestimmt: einmal mit Probe und einmal ohne Probe im Strahlengang. Je nach Genauigkeitsanforderungen erfolgt die Umstellung der Probe für jeden Einzelmeßwert oder erst nach Durchlaufen eines Spektralintervalls. Anstatt der *Ausschlagsmessung* (Quotientenmethode), bei der φ_{0ex} und $\varphi_{ex}(d)$ mit geprüfter Linearität bestimmt werden, kann ein *Nullabgleich* verwendet werden, indem ein Abschwächer in den Strahlengang ohne Probe gebracht wird, um φ_{0ex} und $\varphi_{ex}(d)$ zu reduzieren (Substitutionsmethode). Die Einstellung des geeichten Abschwächers liefert dann ein Maß für $\varphi_{ex}(d)/\varphi_{0ex}$, ohne daß an die Linearität des Empfängers Anforderungen gestellt werden.

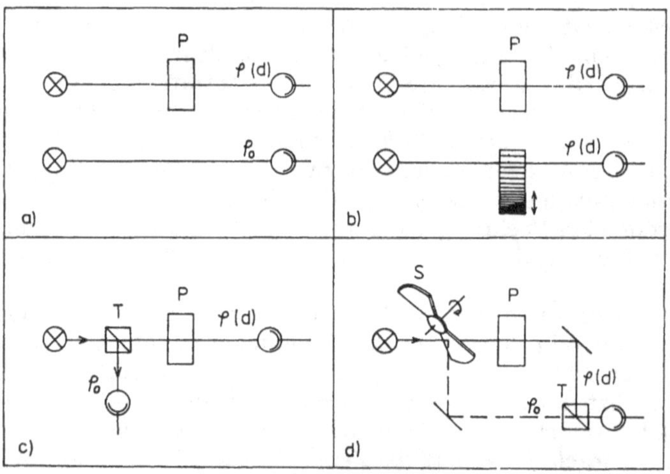

Abb. 7.3. Transmissionsanordnungen. a) Die beiden Anordnungen bei einer Einstrahlmessung als Ausschlagsmethode; b) die beiden Anordnungen bei einer Einstrahlmessung als Abgleichmethode; c) gleichzeitige Messung mit zwei Empfängern bei einer Zweistrahlmethode; d) Zweistrahlmessung mit einem Empfänger und alternierender Umschaltung von Meßstrahlengang (——) und Vergleichsstrahlengang (- - -) mit Hilfe eines rotierenden Sektorspiegels *S*. *P* — Probe; *T* — Strahlteiler. Der Index „ex" zur Bezeichnung der extern gemessenen Intensität ist in der Abb. weggelassen.

Bei *Zweistrahlmessungen* werden die beiden Strahlen für φ_{0ex} und $\varphi_{ex}(d)$ entweder einem Empfänger nacheinander oder zwei Empfängern gleichzeitig zugeführt. Die Aufteilung in den Meß- und in den Vergleichsstrahlengang erfolgt mit rotierenden Sektorspiegeln, (möglichst polarisationsunabhängigen) Strahlteilern oder Sektorblenden. Je vollkommener das Ideal identischer optischer Verhältnisse für Meß- und Vergleichsstrahlengang und ggf. identischer Empfängercharakteristiken dabei erreicht wird, um so geringer werden der wellenlängenabhängige Untergrund und Störungen durch dessen Veränderung. Bei Anordnungen mit einem Empfänger ist auch die weitestgehende Gleichheit der Bestrahlungsstärkeverteilung auf seiner Oberfläche und der Einfallswinkel wichtig. Eine Symmetrie der polarisationsoptischen und auch der thermischen Verhältnisse ist erwünscht. $\varphi_{ex}(d)$ und φ_{0ex} können nach den Ausschlags- oder dem Nullabgleichsverfahren gemessen werden. In kommerziellen Spektralphotometern ist das Zweistrahlverfahren mit einem über zwei Sektorspiegel alternierend bestrahlten Empfänger und mit Nullabgleich sehr verbreitet. Es besitzt im allgemeinen die größere Linearität, aber geringere Relativempfindlichkeit.

Reflexionsmessungen können ebenso im Ein- oder Zweistrahlverfahren und nach der Ausschlags- oder Abgleichmethode vorgenommen werden. Bei Einstrahlmessungen liegt eine experimentelle Schwierigkeit darin, daß entweder zusätzliche Spiegel notwendig sind, oder Bauteile (Quelle, Empfänger, Spiegel) umge-

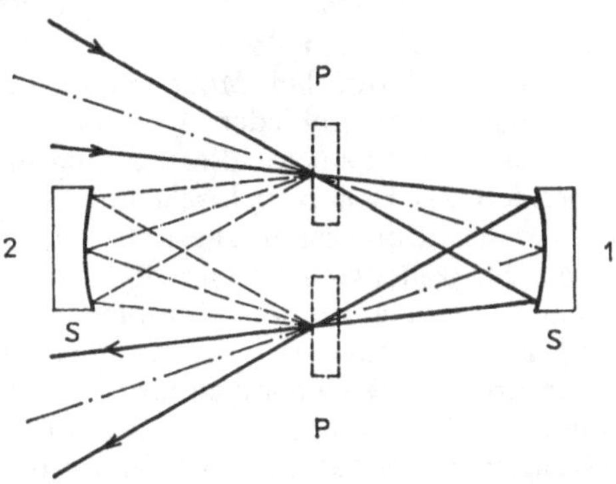

Abb. 7.4. Reflexionsanordnung mit festen Richtungen des einfallenden und reflektierenden Strahls. ——: Vergleichsstrahlengang mit Spiegel S in Position 1; ---: Meßstrahlengang mit zwei Proben P und Spiegel S in Position 2 geschwenkt

stellt werden müssen, um φ_{0ex} und φ_r mit demselben Empfänger zu messen. Wenn zwei Proben (zwei Probenteile, zwei Meßstellen auf einer Probe) vorhanden sind, ist bei der Anordnung nach Abb. 7.4 nur der Spiegel S zu schwenken. Die sonstigen optischen Verhältnisse für den ankommenden und den reflektierten Strahl ändern sich nicht bei seiner Umstellung. Wegen der Zweifachreflexion ist das Meßergebnis ϱ^2. Andere Anordnungen (analog zu [152]) liefern ϱ, machen aber eine Translation eines Teils der Apparatur erforderlich. Der Ausweg, an Stelle der Probe ein Vergleichsnormal zu verwenden, ist nur bedingt tauglich, da ϱ-Absolutwerte auf Grund des Oberflächeneinflusses selten übertragbar sind.

7.2. *Bestrahlung und Emission*

Bestrahlungseinrichtungen werden benötigt bei Anregungsspektroskopischen Methoden im weitesten Sinne — von der Photoleitung [Z 11] bis zur Photolumineszenz [Z 49, Z 57—Z 59] und photoinduzierten Absorption —, den Streumethoden [Z 15, Z 60] und der Zweiphotonenspektroskopie [Z 61] sowie bei vielen Kombinationen der Bestrahlungseinrichtung mit nichtoptischen Methoden zur Signalgewinnung.

Bestrahlungsspektralapparate unterscheiden sich von den im Prinzip gleichartigen Geräten zur Strahlungsanalyse dadurch, daß sie zu Gunsten eines hohen Strahlungsflusses einen großen Lichtleitwert und eine große spektrale Spaltbreite besitzen. Das häufig nur schlecht unterdrückte Falschlicht in einfachen Bestrahlungsmonochromatoren kann bei Meßeffekten mit großen spektralen Empfindlichkeitsunterschieden Komplikationen verursachen. Die zweifellos bequemste Bestrahlungsmöglichkeit bieten Laser, insbesondere als Dauerstrichlaser mit fester Wellenlänge (s. Tab. 6.1). Bei den durchstimmbaren Lasern ist sowohl die zeitliche als auch die wellenlängenabhängige Intensitätskonstanz nicht selbstverständlich, so daß die Kombination von Kontinuumsstrahler und Monochromator durchaus noch Bedeutung hat, insbesondere für größere Wellenlängenintervalle. Multiplexverfahren sind bis jetzt zur Bestrahlung nur selten eingesetzt worden. Für den Aufbau von Bestrahlungsanordnungen ist insbesondere Abschnitt 3.2. wichtig.

Für die Auswertung von Anregungsspektren ist die Kenntnis des auf die Probe treffenden Strahlungsflusses [Z 62, Z 1] wichtig; oder besser noch, dessen Regelung auf eine gleichbleibende Photonenrate oder Strahlungsleistung während des Durchstimmens [153, 154, Z 1]. Dazu werden im Meßwellenlängenbereich Empfänger mit weitgehend konstanter Empfindlichkeit als Meßfühler im Regelkreis eingesetzt.

Emissionsmessungen werden häufig an Proben vorgenommen, die bestrahlt werden (Photolumineszenz, RAMAN-, BRILLOUIN-Streuung). Dabei ist wieder die optische Anpassung wichtig, die durch die Probe Einschränkungen unterliegt. Beschränkt man sich nicht darauf, den unkorrigierten Ausgangsstrom des Empfängers anzugeben, oder auf kleine Wellenlängenintervalle, in denen die spektralen Abhängigkeiten der Apparatur gering sind, so müssen die Wellenlängenabhängigkeit des Transmissionsgrades der Apparatur und die Empfängerempfindlichkeit berücksichtigt werden. Das geschieht durch Ausmessen der Emissionskurve eines bekannten Strahlungsnormals unter den optischen Bedingungen der Messung [Z 62, Z 57].

Sowohl bei Bestrahlungs- als auch bei Emissionsuntersuchungen können Korrekturen erforderlich sein, die die Reflexion und die Absorption der Probe berücksichtigen [155].

Abb. 7.5 zeigt gebräuchliche Konfigurationen für Photolumineszenzuntersuchungen, deren Anwendbarkeit von den Durchlässigkeiten für die Anregungs- und Emissionsstrahlung abhängen. Konfiguration a) ist in jedem Fall brauchbar, wenn auch nicht optimal. Werden beide Wellenlängen durchgelassen, so erbringt c) auf Grund des langgestreckten „Leuchtfadens" eine günstige Abbildung auf einen Spalt, während mit Variante d) eine höhere Strahldichte erhalten werden kann. Der Falschlichtunterdrückung muß insbesondere bei den optischen Beobachtungsverfahren,

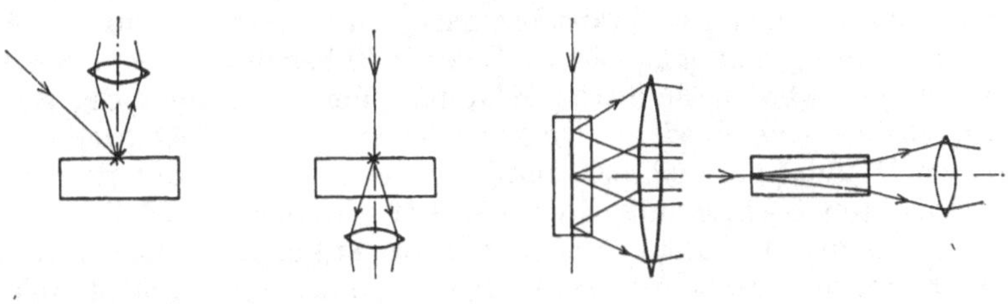

Abb. 7.5. Lumineszenzanordnungen. a) + b): Oberflächenanregung; a) Probe kann Anregung und Emission absorbieren; b) Probe kann Anregung absorbieren, muß Emission durchlassen; c) + d): Tiefen- (Volumen-) Anregung, die Probe ist für Anregung und Emission durchlässig

die bei intensiver Anregung vorgenommen werden, Beachtung geschenkt werden. Problematisch sind die Reflexe an Fenstern, Linsen etc. bei Bestrahlung und Beobachtung aus der gleichen Richtung, wenn die Anregungsstrahlung nicht ausgefiltert wird. Ein Laserstrahl kann reflexfrei durch Bohrungen in Spiegeln oder Linsen gefädelt werden (z. B. Abb. 7.2). Bei hohen Aperturen beider Strahlengänge lassen sich Reflexe mit Zirkularpolarisatoren oder Zentralblenden unterdrücken. Die von den Linsenoberflächen (als Hohlspiegel) entworfenen reellen Bilder der Quelle (oder von Blenden) lassen sich leicht auffinden und mit geringen Querschnittseinbußen abdecken. Eine stabile Befestigung der Zentralblenden ist wichtig, da sich Bewegungen als starke Intensitätsschwankungen in der zurückkommenden Strahlung auswirken.

Die für die Kinetik wichtigen zeitaufgelösten Spektren liefern die Verfahren der Kurzzeitspektroskopie bzw. Impulsfluorometrie und in jüngster Zeit auch die Kreuzkorrelation des zeitlichen Emissionsverlaufs mit der statistisch erfolgenden Anregung [156].

7.3. *Modulationsspektroskopie* [Z 63—Z 66]

Die Modulationsspektroskopie hat sich insbesondere bei der Untersuchung der Bandstruktur von Halbleitern bewährt, da sie kritische Punkte in der kombinierten Zustandsdichte, die in einfachen Reflexionsspektren nur in verwaschenen Strukturen vermutet werden können, wie scharfe Linien hervortreten läßt. Inzwischen ist das Einsatzgebiet modulationsspektroskopischer Verfahren weit größer. Sie werden auf Grund ihrer hohen Empfindlichkeit auch bei Transmissions-, Lumineszenz- und Streuuntersuchungen an lokalisierten Zentren in beliebigen Festkörpern eingesetzt. Die methodische Klammer der Verfahren, die sehr unterschiedliche physikalische Aussagen liefern, ist die Anwendung einer Modulation und der empfindliche Nachweis der dadurch induzierten Signale mit Hilfe der Lock-in-Technik [Z 56]. (Die Bezeichnung Modulationstechniken tragen unabhängig hiervon auch optische Multiplexverfahren mit Codierung durch Modulation.)

Das Prinzip soll hier für Transmissionsmessungen bei äußerer Modulation erläutert werden. Die Probe befindet sich in einem Einstrahllichtweg (Abb. 7.3a), oben) und ist einem modulierten äußeren Parameter p ausgesetzt, z. B. einem elektrischen Felde.

Bei vernachlässigbarer Reflexion ergibt sich aus den Gln. (2.1), (3.7), (7.6) für den Empfängerstrom

$$I(p) = S\tau_M GL \exp(-\alpha(p)\,d), \tag{7.9}$$

mit τ_M — Transmissionsvermögen der Meßanordnung.

Durch die Modulation von p mit der Frequenz f wird der Ausgangsstrom des Empfängers in der Umgebung von p_0 differentiell abgetastet (Abb. 7.6). Die Amplitude des Wechselsignals ΔI ist in 1. Näherung der 1. Ableitung $\mathrm{d}I/\mathrm{d}p$ proportional. Bei gutem Signal-Rausch-Verhältnis läßt sich auch die 2. Harmonische der Modulationsfrequenz nachweisen, deren Amplitude der 2. Ableitung $\mathrm{d}^2I/\mathrm{d}p^2$ (Krümmung) entspricht.

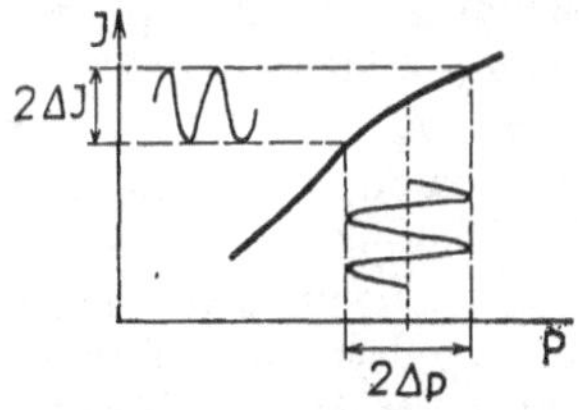

Abb. 7.6. Entstehung eines modulierten Empfängerstroms bei Modulation des äußeren Parameters p

Bildet man den Quotienten aus der Wechselsignalamplitude ΔI und dem Zeitmittel $\bar{I}$ des Meßstroms

$$2\,\Delta I/\bar{I} = -\tanh(d\cdot\Delta\alpha) \approx -d\cdot\Delta\alpha, \tag{7.10}$$

so ergibt sich direkt die Ableitung der Absorptionskonstanten $\Delta\alpha = (\partial\alpha/\partial p)\,\Delta p$. Die Wellenlängenabhängigkeiten $S(\lambda)$, $\tau_M(\lambda)$, $L(\lambda)$ treten nicht in Erscheinung. Das liegt daran, daß mit Gl. (7.10) eine verkappte Zweistrahlmessung beschrieben wird: Derselbe Lichtweg wird vom Meßstrahl, der durch die Modulation mit f markiert ist, und vom Gleichlicht-Bezugsstrahl durchlaufen. Wegen der unterschiedslosen Lichtwege von Meß- und Bezugsstrahl und der oftmals hohen Modulationsfrequenzen, besitzen die Modulationsverfahren sehr hohe Relativempfindlichkeiten. Mitunter läßt sich noch bei $\Delta I/\bar{I} = 10^{-6}$ messen. Außer durch Analogdivision wird die Quotientenbildung bei Vervielfachern auch dadurch realisiert, daß durch Regelung der Betriebshochspannung der Mittelwert des SEV-Ausgangsstroms konstant gehalten wird, wodurch der Wechselstromanteil proprotional zu $\Delta I/\bar{I}$ wird [157, 158]. Neuerdings werden auch Vielkanalempfänger mit ihren Datenmanipulationsmöglichkeiten verwendet [159].

In gleicher Weise können auch die Ableitungen von Reflexions-, Lumineszenz-, Streuspektren etc. ermittelt werden. Die Deutung der Modulationsspektren bei äußerer Modulation ist z. T. sehr kompliziert. Wirkt der Parameter p nur so, daß er Energien verschiebt, so erhält man ähnliche Spektren wie bei der Differentiation des Spektrums nach der Photonenenergie. Das ist bei der *Temperaturmodulation* weitgehend der Fall. Die Temperaturoszillationen lassen sich relativ einfach durch periodische Beheizung oder Bestrahlung der Probe aufprägen.

Vektorielle oder tensorielle Modulationsparameter bewirken außer Termverschiebungen auch Aufspaltungen mit Veränderungen der Auswahlregeln und Oszillatorstärken, wodurch komplizierte, aber z. T. auch sehr aussagekräftige Spektren zustande kommen. Bei der *Elektromodulation* ergibt die 1. Ableitung nach der Feldstärke (bei kleinen Feldstärken) die gleiche Form, wie man sie als 3. Ableitung nach der Energie erhält. Dadurch treten spektrale Strukturen extrem scharf hervor. Die Spannung wird meist in Feldeffektkonfiguration angelegt, am einfachsten über die isolierende Randschicht an einer Halbleiter-Elektrolyt-Oberfläche. Durch die Schärfe der Elektromodulationsspektren können auch geringfügige Energieänderungen unter der Einwirkung statischer Parameter, z. B. von uniaxialem Druck oder Magnetfeldern noch festgestellt werden. Mit der *Photomodulation*, die keine Elektroden erfordert, entstehen ähnliche Spektren durch die Bandverbiegung infolge der geänderten Ladungsträgerkonzentration. Darüber hinaus erlaubt die Photomodulation das Auffinden schwacher strahlungsinduzierter Banden mit Absorptionskonstanten von 10^{-6} cm^{-1} [160].

Bei der *Piezomodulation* wird der Kristall mit piezoakustischen Transducern gekoppelt. Dabei ist oft die Spannungsverteilung in der Probe inhomogen, und die Tensorkomponenten sind nicht bekannt, so daß die Diskussion der Spektren nur qualitativ erfolgen kann.

Die sogenannte *Dotierungsmodulation* ist ein Spezialfall der *Ortsmodulation.* Bei beiden oszilliert der Strahlengang zwischen zwei nur geringfügig entfernten Stellen der Probe hin und her. Dabei können Unterschiede zwischen beiden Meßstellen sehr empfindlich nachgewiesen werden, die im Falle der Dotierungsmodulation durch die Beimengungen bedingt sind. Es kann auch die Probe auf einem Schwinger im feststehenden Meßstrahl periodisch bewegt werden. Bei diesen Methoden vollzieht sich der fließende Übergang zu den Zweistrahlmethoden der konventionellen Spektrometer.

Wird ein Parameter der Meßstrahlung, wie die Wellenlänge oder die Polarisation, moduliert, so spricht man — etwas unglücklich formuliert — von *innerer Modulation* als Gegensatz zu den von außen an die Probe angelegten Feldern. Die Wellenlängen- bzw. Polarisationsabhängigkeit der Bauteile der Meßanordnung wird bei diesen Verfahren mitdifferenziert und tritt evtl. im Spektrum stark in Erscheinung. Bei der *Wellenlängenmodulation* [Z 66] über größere Spektralbereiche wird es deshalb erforderlich, zusätzlich einen Vergleichsstrahlengang aufzubauen, was neuerdings in sehr symmetrischen Anordnungen gelungen ist [161, 162].

Im Unterschied zu den Verfahren mit äußerer Modulation liefert die λ-Modulation einfach interpretierbare Spektren, nämlich die Ableitungen nach der Wellenlänge. Beim Differenzieren ergibt sich aus einem Peak ein positiver und ein negativer Ausschlag. Man kann deshalb erwarten, daß sich die „Linienbreite" der Strukturen pro Differentiation halbiert. In höheren Ableitungen werden dadurch ursprünglich kaum bemerkbare Strukturen aus kontinuierlichen oder breiteren Spektralabhängigkeiten „herausgefiltert" und der quantitativen Auswertung zugänglich (Abb. 7.7).

Die Bedeutung der *Polarisationsmodulation* liegt vorzugsweise in magnetooptischen Untersuchungen, da die Auswahlregeln dort polarisationsabhängig werden.

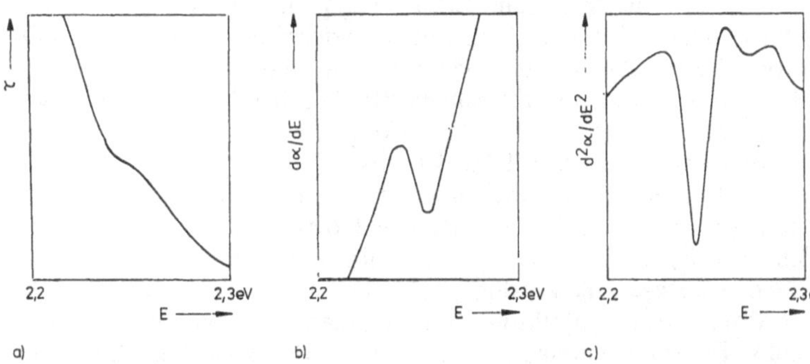

Abb. 7.7. Verschärfung spektraler Strukturen durch Wellenlängenmodulation. Die im Transmissionsspektrum $\tau(\lambda)$ bei Zimmertemperatur von der Absorptionskante überlagerte A-Linie in GaP : N tritt in den Ableitungsspektren deutlich hervor.

7.4. Mechanischer Aufbau

Für Anordnungen längs einer Achse ist der Aufbau mit Reitern auf den bekannten Dreikantprismen- oder Doppelspurschienen am bequemsten. Die geknickten Strahlengänge von Anordnungen mit Spiegeln werden meist mit Magnetfüßen auf Stahlplatten aufgebaut. Baukastensysteme halten den Aufwand für die Halterung und Justierung der Bauteile in Grenzen und ermöglichen flexibles Experimentieren (Abb. 7.8).

Erschütterungen sind oft für die Reststörungen verantwortlich. In Kellergeschossen ist die Erschütterungsamplitude meist um eine Größenordnung niedriger als in höheren Etagen. Zur Isolation gegen Erschütterungen stellt man die Meßplätze so auf, daß sie gegen den Fußboden gedämpft schwingen können. Die Eigenfrequenzen der Aufstellung, die sich aus der Masse und der Federkonstanten ergeben, sollen möglichst niedrig sein (< 3 Hz). Dadurch werden insbesondere die höherfrequenten Eigenschwingungen der Gebäudedecken von 5—15 Hz ferngehalten. Die Dämpfung sorgt für das Abklingen der Systemeigenschwingungen nach Stößen, darf jedoch nicht so wirken, daß sie die Resonanzkurve ungünstig verbreitert oder eine zu starke Ankopplung an die Umgebung bewirkt.

Zur Federung werden Stahlfedern, viskoelastische Materialien oder pneumatische Federn verwendet. Schwammgummi hat bereits naturgemäß gute Dämpfungseigenschaften, die bei Stahlfedern durch hydraulische Dämpfungsglieder [164] und bei Luftfedern durch interne Strömungshindernisse realisiert werden. Improvisierte Aufbauten, wie schwere Platten auf Tennisbällen oder Autoschläuchen, verringern die Amplituden selten auf weniger als ein Drittel, da ihre Eigenfrequenz zu hoch liegt. Für eine Resonanzfrequenz von 1 Hz ist eine Einfederung von 30 cm (!) nötig. Mit Stahlfedern werden Verbesserungen um den Faktor 20, mit Luftfedern um 10^2 erzielt. Die Körperschallübertragung läßt sich mit Sperrholzplatten bekämpfen, die mit viskoelastischen Klebern aufgeklebt werden [165]. Die Luftschalleinwirkung läßt sich durch dünne Bleihüllen um schallempfindliche oder -emittierende Bauteile verringern. Der Kontakt zwischen Zerhackermotoren etc. und Grundplatte muß möglichst unterbunden werden. Bei empfindlichen Anordnungen mit Meß- und Vergleichsstrahlengang muß auf deren Ähnlichkeit auch in mechanischer und thermischer Hinsicht Wert gelegt werden. Sehr störend machen

Abb. 7.8. **Halterung einer Linse mit Elementen eines optischen Baukastensystems [163]. 1 — Fassungselement zum zentrierten Spannen runder Bauteile; 2 — Translationselement zur Vertikalbewegung mit hoher Feinfühligkeit; 3 — Translationselement zur Horizontalbewegung; 4 — Magnetfuß mit Abdrückschraube**

sich Kryostatenabdämpfe durch ihre Kühl- und Konvektionswirkung bemerkbar.

Mit Fingerspitzengefühl beim Aufspüren von Störungsquellen, Übertragungswegen und sensiblen Stellen lassen sich oft beachtliche Verbesserungen erzielen, jedoch muß ein dem Meßproblem angemessener solider Grundaufbau bereits vorhanden sein.

7.5. Kryostaten

Wenn Proben auf tiefe Temperaturen abgekühlt werden, verschärfen sich in der Regel die spektralen Strukturen durch die verringerten thermischen Anregungsenergien. Am häufigsten werden Kryostaten zur Probenkühlung verwendet, in denen verflüssigte Gase (Tab. 7.2.) als Kühlmittel dienen. Abb. 7.9a) zeigt einen einfachen Heliumkryostaten. Wegen der niedrigen Verdampfungswärme des flüssigen Heliums wird das Innengefäß durch Hochvakuum gegen Wärmezufuhr durch Leitung isoliert und gegen die Wärmestrahlung des Außenmantels mit einem Strahlungsschirm geschützt, der mit flüssigem Stickstoff gekühlt wird. Die Probe ist bei dem gezeigten Beispiel über ihre Halterung

Tabelle 7.2
Daten verflüssigter Gase

	N_2	Ne	n-H_2	^{4}He
Normalsiedepunkt (K)	77,4	27,1	20,4	4,2
Tripelpunkt (K)	63,1	24,5	13,9	—
Verdampfungswärme ($Wh/l_{Flüss.}$)	44,2	28,7	8,80	0,70

wärmeleitend mit der Wärmesenke, dem Heliumbad, verbunden. Für Messungen bei höheren Temperaturen kann das Innengefäß auch mit anderen Flüssiggasen gefüllt werden. Die Temperaturen der Kühlmittel können unter den Normalsiedepunkt erniedrigt werden, wenn der Dampfdruck über der Flüssigkeit durch Abpumpen verringert wird. Meist wird dabei der Tripelpunkt erreicht. Bei flüssigem Helium wird bei 2,2 K ($p \approx 5$ kPa) der Lambdapunkt unterschritten, und die (bei Immersionskryostaten optisch störende) Siedebläschenbildung verschwindet. Mit Saugleistungen von 10—60 m^3/h lassen sich ca. 1,4 K ($p \approx 0,3$ kPa) erreichen. Für Temperaturen oberhalb der Siedepunkte werden anstatt der Flüssiggase Verdampfer als Wärmesenken verwendet, in denen nicht nur die Verdampfungswärme, sondern auch die Enthalpie des kalten Gases ausgenutzt wird. Mit Verdampferkryostaten können kontinuierlich große Temperaturbereiche „durchgestimmt" werden [167, 137].

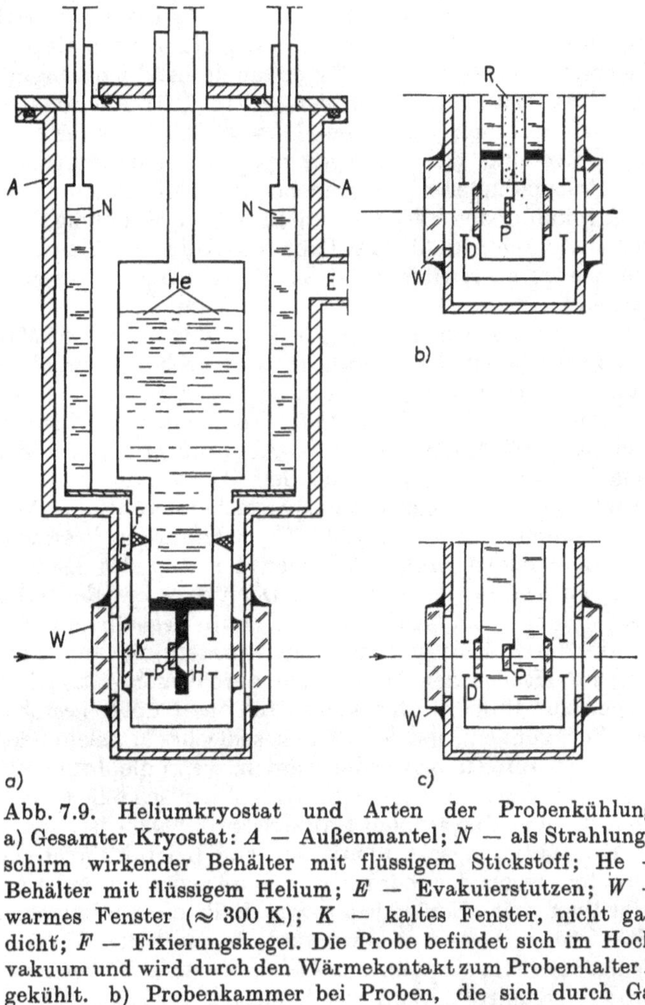

Abb. 7.9. Heliumkryostat und Arten der Probenkühlung. a) Gesamter Kryostat: A — Außenmantel; N — als Strahlungsschirm wirkender Behälter mit flüssigem Stickstoff; He — Behälter mit flüssigem Helium; E — Evakuierstutzen; W — warmes Fenster ($\approx$ 300 K); K — kaltes Fenster, nicht gasdicht; F — Fixierungskegel. Die Probe befindet sich im Hochvakuum und wird durch den Wärmekontakt zum Probenhalter H gekühlt. b) Probenkammer bei Proben, die sich durch Gas ($\approx$ 0,1 kPa He) in thermischem Kontakt zum He-Bad befinden: Das Gas wird durch das Rohr R eingelassen, durch das auch die Probe eingebracht werden kann, wenn eine lösbare Verbindung zum Öffnen der Kammer umgangen werden soll; D — kaltes und hochvakuumdichtes Fenster. c) Probenkammer einer Immersionsanordnung: Die Probe befindet sich in flüssigem Helium, das in der Regel unter den Λ-Punkt abgepumpt wird, um Siedebläschen im Strahlengang zu vermeiden.

Von den zahlreichen Kryostatenkonstruktionen haben sich geschweißte oder hartgelötete Metallausführungen als die betriebssichersten erwiesen. Sie können auch handlich ausgeführt und im kalten Zustand transportiert werden [167]. Für einfache Zwecke genügen mitunter auch Glas-DEWAR-Gefäße (s. Abb. 2.10). In der Umgebung von Zimmertemperatur sind PELTIER-Elemente zur Probentemperierung sehr bequem. Mit ihnen kann um ca. 40 K gekühlt oder erwärmt werden — je nach Polung. Mit Kleinstgaskältemaschinen (JOULE-THOMSON-Kühler) können kontinuierlich Temperaturen bis hinab zu 10 K ohne Flüssiggase erreicht werden.

Von der Art des thermischen Kontakts zwischen Wärmesenke und Probe hängt die Ausführung des Probenraums ab. Die thermische Kontaktierung legt fest, ob die Probenkammer einschließlich ihrer Fenster auch bei tiefer Temperatur gasdicht sein muß. Von den drei Möglichkeiten in Abb. 7.9 ermöglicht der Berührungskontakt der Probe mit dem Halter die einfachste Konstruktion der Kammer. Oftmals erreichen hierbei die Proben nicht die Heliumtemperatur, weil die zugeführten Wärmeleistungen über dem relativ großen Wärmewiderstand des Kontakts große Temperaturdifferenzen ergeben. Der überwiegende Teil der Wärmestrahlung vom Außenmantel muß deshalb im Strahlungsschirm durch Fenster abgefangen werden, die von dieser Strahlung im IR nur den Meßbereich durchlassen. Elektrische Zuleitungen zur Probe dürfen keinesfalls aus Kupfer bestehen. Unbedenklich können Drähte aus den schlechtwärmeleitenden Widerstandslegierungen verwendet werden, wenn die JOULEsche Stromwärme in ihnen gering bleibt. Die thermische Belastung, zu der auch die absorbierte Meßstrahlung zu rechnen ist, sollte bei dieser Kontaktierungsart 10 mW pro cm² Kontaktfläche nicht überschreiten, wobei der thermische Schluß zwischen Probe und Halter unbedingt mit Bindemitteln wie Silikonfett, -kautschuk, Leitsilber etc. verbessert werden muß, da sonst die Wärme nur über wenige Berührungspunkte abgeführt würde. Problematisch sind diese Bindemittel, wenn durch mechanische Verspannungen der Probe die optische Messung beeinträchtigt werden kann. Mitunter lassen sich durch Probieren geeignete Kombinationen von Probe, Bindemittel und Haltermaterialien finden, oft ist jedoch die Gas- oder Flüssigkeitskühlung der Probe unumgänglich. Die Fenster in den dafür geeigneten Probenkammern nach Abb. 7.9b) und c) müssen auch bei tiefen Temperaturen noch hochvakuumdicht sein. Sie werden meist mit warmgehärtetem Epoxidharz in solche Fassungen eingeklebt, die der thermischen Kontraktion des Fensters leicht folgen können [170]. Für Fenster oder Kammerteile, die zum Wechseln der Probe demontiert werden sollen, gibt es Vorbilder [171, 172], bei denen mit Ringen aus Polyäthylenfolien oder weichen Metallen (In) gedichtet wird. Die Dicke druckbelasteter Fenster kann nach [173] abgeschätzt werden. Es ist vorteilhaft, die Fenster so groß zu wählen, daß der Vergleichsstrahlengang ebenfalls durch sie geführt werden kann.

Mitunter treten beim Kryostatengebrauch optische Störungen durch kondensierte Luftbestandteile auf. Die Gase schlagen sich aus dem Vakuum oder dem Austauschgas als interferenzfähige Beläge nieder oder bilden Flocken in der Kühlflüssigkeit. Diese Flocken — wie auch Siedebläschen — stören weniger, wenn alle Spektralkanäle gleichzeitig mit einem optischen Vielkanalanalysator gemessen werden.

Durch die thermische Kontraktion beim Abkühlen des Innengefäßes kann sich die Probe bewegen (um 1—3 mm pro m gekühlter Länge). Die Innengefäße neigen außerdem auf Grund ihrer leichten Bauweise zu Schwingungen, die durch Fixierungskegel (F in Abb. 7.9a)) aus schlecht wärmeleitendem Material abgefangen werden können.

7.6. *Tests und Eichung*

Die *Wellenlängeneichung* bereitet relativ wenig Schwierigkeiten. Für Genauigkeiten von $\pm$ 1 nm genügen im UV—NIR seltenerddotierte Gläser und Interferenzfilter. Die Absorptionsmaxima von Glas mit Neodym und Praseodym (= Didym, BG 35 in Abb. 4.14b)) liegen bei 402, 530, 573, 586, 685, 741 (Dublett), 803 nm; von Glas mit Holmium bei 241, 250, 260, 279, 288, 334, 360, 418, 453 (Triplett), 536, 637 nm. Im VUV haben Ammoniak, im UV Benzen, im IR Wasserdampf, CO_2 und viele organische Substanzen [Z 69, 174] geeignete Absorptionslinien. Benachbarte Linien müssen voll aufgelöst werden, um die Maximumlage exakt zu bestimmen. Interferenzfilter haben den Vorteil, daß sie nur eine symmetrische Linie aufweisen und daß das Maximum der Transmission benutzt wird, in dem das Signal-Rausch-Verhältnis günstiger ist, als in einem Absorptionsmaximum.

Genauere Eichungen ($\approx$ 5 pm) sind mit Spektrallampen möglich, deren wichtigste Wellenlängen in Tab. 8.3 bzw. [Z 70] zu finden sind. Meist genügt ein Kantenfiltersatz (Abb. 4.14), um empfangene Linien zu identifizieren. Zur IR-Eichung von Gittergeräten können kurzwelligere Linien in höherer Ordnung verwendet werden. Die Interpolation ist bei Gittermonochromatoren wegen ihrer wellenzahlen- oder wellenlängenlinearen Skalen einfach. Bei sehr hohen Genauigkeitsanforderungen machen sich evtl. Spindelfehler bemerkbar. Die Interpolationsgenauigkeit läßt sich mit Etalons überprüfen, bei denen die Maxima oder Minima eine konstante Wellenzahldifferenz $\Delta\sigma = (2nd)^{-1}$ nach Gl. (4.22) aufweisen. Die Amplitude der Interferenzen im Spektrum wird minimal, wenn $\Delta\sigma$ ein Vielfaches der Halbwertsbreite der Spaltfunktion beträgt. (Dieser Effekt wird auch zur Bestimmung der Halbwertsbreite benutzt.) Bei Messungen, die eine besondere Genauigkeit erforderlich machen, kann während der eigentlichen Messung zusätzlich mit einer Spektrallampe eingestrahlt werden und ein Etalon im Strahlengang angeordnet werden. Bei Prismengeräten spielt die Temperaturabhängigkeit der Materialdispersion eine Rolle. Sie bewirkt Veränderungen von ca. $10^{-5}\,\lambda/\mathrm{K}$.

Die Eichwerte hängen — wenn auch nur geringfügig — vom verwendeten Strahlengang ab, der sich also bei einer Eichung nicht von dem bei Meßbetrieb unterscheiden darf. Bei einer Wellenlängeneichung sollte zuerst die Spaltfunktion (s. 4.1.1.) auf ihre Symmetrie mit Hilfe einer scharfen Einzelspektrallinie überprüft werden. Mancher Fehler läßt sich später vermeiden, wenn man hierbei den Einfluß von Spaltbeleuchtungsasymmetrien und abschnittsweiser Spaltbeleuchtung durch Abdecken von Teilen des Strahlengangs studiert und die (meist einstellbare) Spaltfokussierung überprüft.

Die Eichwerte gelten wegen des Spiels häufig nur für die verwendete Vortriebsrichtung. Die dominierende Zeitkonstante sollte höchstens ein Zehntel von der Durchlaufzeit der Linienbreite betragen.

Ordinatenmeßfehler [175—177] resultieren aus Mängeln in der Konzeption, Unvollkommenheiten der Bauteile und aus Fehlern in der Betriebsweise. Wenn die Probe bei Transmissions- oder Reflexionsverfahren emittiert, machen sich leicht ungünstige Probenstellungen oder das Fehlen des zweiten Spektralapparats bemerkbar. Oftmals läßt sich der Verdacht auf eine Probenemission erhärten, indem man ein feinstrukturiertes Absorptionsfilter einmal vor und einmal nach der Probe aufstellt und die Spektren vergleicht.

An den Grenzen des Ordinaten-Dynamikbereichs treten selbstverständlich Nichtlinearitäten auf, die aus dem optischen oder aus dem elektronischen Teil der Apparatur stammen. Die Linearität der Strahlungsflußanzeige läßt sich mit Neutralgläsern (VIS—NIR), rhodiumbedampftem Quarz (UV) und mit Schwächungsgliedern in Form von Gitterblenden, Jalousien oder rotierenden Sektorblenden überprüfen. Da die Schwächungsglieder keine ausgeprägte Spektralabhängigkeit aufweisen, macht sich Streulicht nicht bemerkbar, da es proportional zum Meßlicht geschwächt wird. Für sehr genaue Linearitätsprüfungen gibt es Spezialmethoden [177].

Wird eine spektrale Strahlungsflußverteilung $\Phi_\lambda(\lambda)$ mit der Spaltfunktion $\tau(\lambda)$ eines Spektralapparats abgetastet, so erhält man als gemessenes Spektrum

$$\Phi_{\text{exp}}(\lambda_0) = \int \Phi_\lambda(\lambda)\, \tau(\lambda - \lambda_0)\, \mathrm{d}\lambda. \tag{7.11}$$

Man erkennt, daß in Φ_{exp} bei Einstellung des Spektralapparats auf die Wellenlänge λ_0 Beiträge mit unerwünschten Wellenlängen entstehen können, wenn Φ_λ über einen großen Bereich hohe Werte besitzt, die durch die Spaltfunktion nicht ausreichend unterdrückt werden. Katastrophal kann das Verhältnis von Nutzlicht zum Falschlicht werden, wenn Φ_λ bei λ_0 sehr klein, ansonsten aber sehr groß ist, also an den Grenzen des Transmissionsbereichs der Bauteile oder des Emissionsspektrums der Quelle. (In gleicher Weise wirkt die spektrale Empfindlichkeitsgrenze des Empfängers).

Um den *Streulichtanteil* zu finden, der die Einschätzung der Ordinatengenauigkeit ermöglicht, haben sich drei Methoden [176] bewährt: das Ausmessen hochabsorbierender Filter, die Variation der Spalthöhe und der Intensitätsvergleich bei paralleler und antiaralleler Halbabdeckung der Spalte. Mit den Langpässen von Steilkantenfiltern, Halbleiterbandkanten oder Lösungen kann der Streulichtanteil an der kurzwelligen Grenze bestimmt werden. Obwohl die Durchlässigkeit im Sperrbereich $< 10^{-5}$ ist, ergibt die Meßanordnung dort meist Werte für τ von einigen Prozent, die auf das Streulicht zurückzuführen sind. Bei stigmatisch abbildenden Spektralgeräten läßt sich der Streulichtanteil durch Verringern der Eintritts- und der Austrittsspalthöhe erniedrigen. Andere Maßnahmen sind in Abschn. 4.1.4. erwähnt. Für die Streulichtuntersuchung an der langwelligen Spektralgrenze existieren meist keine geeignet steilen Kurzpaßfilter. Hier kann man sich mit hochabsorbierenden Banden behelfen. Die Fläche unter der Bande, $\int \alpha \, \mathrm{d}\lambda$, muß unabhängig von der Spaltbreite sein, solange der Streulichtanteil vernachlässigbar ist. Die beiden anderen Methoden [176, 177] eignen sich vorwiegend für stigmatisch abbildende Geräte.

Für das „Durchfahren“ des Spektrums ist eine angemessene Registriergeschwindigkeit erforderlich, deren Obergrenze durch die Zeitkonstante τ_{el} des elektronischen Systems und die erforderliche Genauigkeit gegeben ist [175]. Meist wird die Halbwertsbreite in ca. 5 τ_{el} durchfahren. Die sinnvolle Einstellung in Relation zum Signal-Rausch-Verhältnis und zur angestrebten Genauigkeit findet man leicht durch Probieren.

Wer in Anbetracht der in diesem Kapitel angehäuften Schwierigkeiten in die Nähe von GOETHES Haltung zu optischen Experimenten geraten ist, sollte ausnahmsweise nicht seiner Empfehlung folgen: Freunde, flieht die dunkle Kammer, / wo man euch das Licht verzwickt / und mit kümmerlichen Jammer / sich verschrobenen Bildern bückt, sondern unverzagt an einer einfachen Variante für sein Meßproblem zu experimentieren beginnen, um daran zu lernen.

8. Anhang

Tabelle 8.1.

Nomogramm für die Beziehungen von Spektralintervallen in verschiedenen Einheiten

Gestricheltes Beispiel: Bei $\lambda = 500$ nm ($E \approx 2{,}5$ eV) entsprechen sich $\Delta E = 5$ meV, $\Delta\sigma = 40$ cm^{-1}, $\Delta\lambda = 1$ nm.

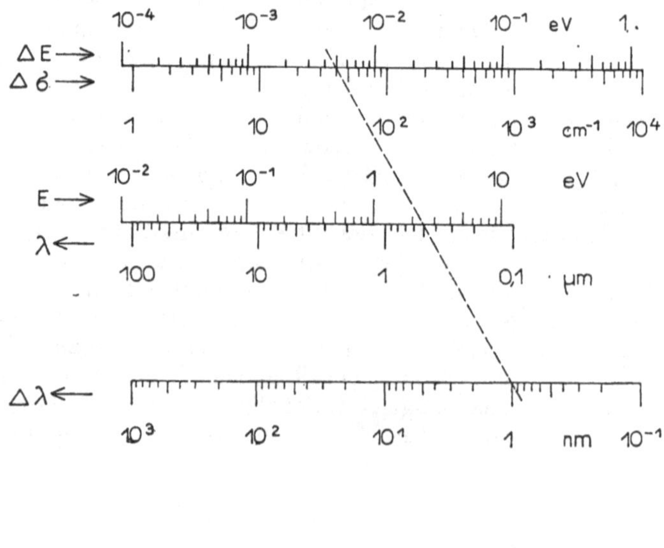

Tabelle 8. 2

Umrechnungsfaktoren von Photonenenergieeinheiten

	cm^{-1}	Hz	eV	K	J
1 Reziprokzentimeter	= 1	$2{,}997925 \cdot 10^{10}$	$1{,}23985 \cdot 10^{-4}$	1,43879	$1{,}98648 \cdot 10^{-23}$
1 Hertz	$= 3{,}335641 \cdot 10^{-11}$	1	$4{,}13571 \cdot 10^{-15}$	$4{,}79928 \cdot 10^{-11}$	$6{,}626176 \cdot 10^{-34}$
1 Elektronenvolt	$= 8{,}0655 \cdot 10^{3}$	$2{,}41797 \cdot 10^{14}$	1	$1{,}16045 \cdot 10^{4}$	$1{,}60219 \cdot 10^{-19}$
1 Kelvin	= 0,695030	$2{,}08365 \cdot 10^{10}$	$8{,}61735 \cdot 10^{-5}$	1	$1{,}38066 \cdot 10^{-23}$
1 Joule	$= 5{,}03404 \cdot 10^{22}$	$1{,}50917 \cdot 10^{33}$	$6{,}24146 \cdot 10^{18}$	$7{,}24290 \cdot 10^{22}$	1

E (in eV) = $(1{,}239852 \pm 3)/\lambda_{Vak}$ (in µm)

Tabelle 8.3

Wellenlängen von Spektrallampen in Luft unter Normalbedingungen [Z 70]

Linien hoher Intensität sind mit Vollkreisen gekennzeichnet. Mit den Spalten läßt sich die Spektrallampe schnell auffinden, deren Linien in einem vorgegebenen Gebiet am günstigsten liegen.

Element	λ (nm)	Cd	Cs	He	Hg	K	Na	Ne	Rb	Tl	Zn
Hg	184,91				○						
Hg	194,17				○						
Zn	213,86										○
Cd	228,00	○									
Hg	237,83				○						
Hg	253,65				○						
He	294,51			○							
Hg	296,73				○						
Cd	298,06	●									
Cd	298,13	○									
Zn	307,59										○
Cd	308,08	●									
Hg	312,57				○						
Hg	313,16				○						
Cd	313,32	●									
Tl	322,98									○	
Cd	325,25	●									
Cd	326,11	○									
Zn	328,23										○
Na	330,23						○				
Zn	330,26										○
Na	330,30						○				
Hg	334,15				○						
Zn	334,50										○
Zn	334,56										○
Cd	340,27	●									
Cd	346,62	●									
Cd	346,77	●									
Tl	351,92									○	
Tl	352,94									○	
Cd	361,05	●									
Cd	361,29	●									
Hg	365,02				○						
Hg	366,33				○						
Tl	377,57									○	
He	388,87			○							
K	404,41					○					

Tabelle 8.3 (1. Fortsetzung)

Element	λ (nm)	Cd	Cs	He	Hg	K	Na	Ne	Rb	Tl	Zn
Hg	404,66				○						
K	404,72					○					
Hg	407,78				○						
Rb	420,19								○		
Rb	421,56								○		
Hg	434,75	·			○						
Hg	435,84				●						
He	447,15			●							
Ne	453,78							○			
Cs	455,54		○								
Cs	459,32		○								
Na	466,86						○				
Cd	467,82	●									
Zn	468,01										●
Zn	472,22										●
Cd	479,99	●									
Zn	481,05										●
Hg	491,60				●						
He	492,19			●					●		
Na	498,28						○				
He	501,57			●							
Cd	508,58	●									
Na	514,91						○				
Na	515,36						○				
Zn	518,20										●
Tl	535,05									○	
Hg	535,41				○						
Ne	540,06							●			
Hg	546,07				●						
Hg	567,59				○						
Hg	576,96				○						
K	578,26					○					
Hg	578,97				○						
Hg	579,07				●						
K	580,20					○					
Ne	585,25							●			
He	587,56			●							
Ne	588,19							●			
Na	588,99						●				
Na	589,59						●				
Ne	594,48							●			
Ne	596,55							○			

Tabelle 8.3 (2. Fortsetzung)

Element	λ (nm)	Cd	Cs	He	Hg	K	Na	Ne	Rb	Tl	Zn
Ne	597,46							●			
Ne	597,55							○			
Ne	603,00							●			
Ne	607,43							●			
Cd	609,92	○									
Ne	614,31							●			
Na	615,42						○				
Na	616,08						○				
Ne	616,36							●			
Rb	620,63								○		
Ne	621,73							●			
Ne	626,65							●			
Rb	629,83								○		
Ne	633,44							●			
Zn	636,24										●
Ne	638,30							●			
Ne	640,22							●			
Cd	643,85	●									
Ne	650,65							●			
He	656,01			○							
Ne	659,90							●			
He	667,81			●							
Hg	671,62				○						
Hg	690,72				○						
He	706,52			●							
Hg	708,19				○						
Hg	709,20				○						
He	728,13			○							
Hg	734,64				○						
Hg	737,17				○						
Rb	761,89								○		
K	766,49					○					
K	769,90					○					
Rb	775,77								○		
Rb	780,02								○		
He	781,62			○							
Cs	794,41		○								
Rb	794,76								○		
Cs	807,90		○								
Zn	811,53										○
Na	818,33						○				
Na	819,48						○				

Tabelle 8.3 (3. Fortsetzung)

Element	λ (nm)	Cd	Cs	He	Hg	K	Na	Ne	Rb	Tl	Zn
Cs	852,11		○								
Cs	894,35		○								
Cs	917,22		○								
Hg	924,31				○						
Hg	996,93				○						
Hg	998,09				○						
Cs	1002,44		○								
He	1002,77			○							
Rb	1007,61								○		
Hg	1013,85				○						
Hg	1013,98				○						
He	1082,91			○							
K	1102,80					○					
Zn	1105,40										○
Hg	1128,64				○						
K	1169,00					○					
K	1177,30					○					
Zn	1305,40										○
Hg	1357,02				○						
Hg	1367,35				○						
Hg	1395,06				○						
Cd	1397,80	○									
Cd	1432,80	○									
Hg	1529,58				○						
Hg	1692,02				○						
Hg	1710,99				○						
He	2058,10			○							

Tabelle 8.4

Hersteller spektroskopischer Geräte und Hilfsmittel in der DDR

Zum Empfang

SEV	WF
SEV-Gehäuse	CZ
Si-Photodioden	WF
Thermoelemente	CZ
Pyroelektrische Empfänger	FOB
Bildaufnahmeröhren, Festkörpersensorzeilen	WF
Fernseh- u. Festkörperzeilenkameras	STB
Boxcarintegratoren	ZWG

Tabelle 8.4 (Fortsetzung)

Zur Strahlungsübertragung	
Abbildungs- u. Beleuchtungssysteme	CZ
Lichtleitbündel	CZ
Optische Materialien	JGW, CZ
Zur Strahlungsanalyse	
Beugungsgitter	CZ
Monochromatoren	CZ
Fabry-Perot-Interferometer	CZ
UV/VIS-, IR-Spektralphotometer	CZ
Filtergläser	JGW
Interferenzfilter, -strahlteiler	CZ
Optische Vielkanalanalysatoren	ZWG
Laserimpulsfluorometer	ZWG
Optische Korrelatoren	ZWG
Fourier-Spektrometer	ZWG
Zur Polarisation	
Polarisatoren, Retarderplättchen, Kompensatoren	CZ
Zur Strahlungserzeugung	
Glühlampen	NARVA
Gasentladungslampen (Hg, Xe, D_2)	NARVA
Spektral- u. Hohlkathodenlampen	NARVA
Vorschalt- u. Zündgeräte	NARVA
Blitzröhren, Pumplichtquellen	ESR
Leuchtdioden	WF
Laser	
Ar, He—Ne, Kr	CZ
N_2	ZWG
Nd—YAG	MTG
CO_2	FEHA
cw-Farbstofflaser	ZWG
ps-Laser	ZWG
Leistungs- u. Energiemeßgeräte	CZ, ZWG
Zum Meßplatzaufbau	
Optische Bänke, Reiter etc.	CZ
Optische Baukastenelemente	ZWG
Peltiertemperierungssysteme	ZWG
N_2-Kryostaten	ZWG
He-Kryostaten	KTN
Optische Verzögerungsleitungen	ZWG
Bestrahlungseinrichtungen	ZWG

Tabelle 8.4 (Fortsetzung)

CZ	– Kombinat VEB Carl Zeiß, 6900 Jena
ESR	– VEB Elektronische Spezialröhren, 7010 Leipzig
FEHA	– VEB Kombinat Feinmechanische Werke Halle, 4020 Halle/S.
FOB	– VEB Feinoptik, 6823 Bad Blankenburg
JGW	– VEB Jenaer Glaswerk, 6900 Jena
KTN	– VEB Kältetechnik, 5506 Niedersachswerfen
MTG	– VEB Mikrofontechnik Gefell, 6552 Gefell
NARVA	– VEB NARVA, 1017 Berlin
STA	– VEB Statron, 1240 Fürstenwalde
STB	– VEB Studiotechnik Berlin, 1020 Berlin
WF	– VEB Werk für Fernsehelektronik, 1160 Berlin
ZWG	– Zentrum für wissenschaftlichen Gerätebau der AdW der DDR, 1199-Berlin

Tabelle 8.5
Häufig verwendete Symbole

A	Fläche	S	Empfindlichkeit
a	Objektweite; Aperturbreite	u	Öffnungshalbwinkel
a'	Bildweite	w	Feldhalbwinkel
B	Bandbreite		
b	Spaltbreite; Prismenbasis	α	Einfallswinkel, Absorptionskonstante
c	Lichtgeschwindigkeit		
D_l	Lineardispersion	β	Beugungs-; Brechungs-; Reflexionswinkel
D_w	Winkeldispersion		
D	Detektivität	β'	Abbildungsmaßstab
d	Dicke	Δl	Gangunterschied
E	Photonenenergie	$\Delta\delta$	Phasendifferenz
F	Finesse	$\Delta\lambda_{1/2}$	Halbwertsbreite
f	Brennweite	ε	Prismenwinkel
G	geometrischer Fluß	η	Quantenausbeute
g	Gitterkonstante	Λ	Lichtleitwert
h	Spalthöhe	λ	Wellenlänge
I	elektrische Stromstärke	ϱ	Reflexionsgrad
k	Absorptionskoeffizient; Blendenzahl	σ	Wellenzahl
		τ	Zeitkonstante; Transmissionsgrad
L	Strahldichte		
m	Interferenzordnung	Φ	Strahlungsfluß
N	Photonenrate	φ	Intensität; Azimutwinkel
n	Brechzahl	Ω	Raumwinkel
R_0	Grenzauflösungsvermögen	ω	Elliptizität

9. Literaturverzeichnis

9.1 *Zusammenfassende Darstellungen zu Teilgebieten (Bücher, Monographien, Übersichtsartikel)*

[Z 1] E. Helbig: Grundlagen der Lichtmeßtechnik (2. Aufl.). Akademische Verlagsgesellschaft Geest & Portig, K.-G., Leipzig 1977.

[Z 2] Optical and Infrared Detectors. Hrsg. von R. J. Keyes. Springer-Verlag, Berlin 1977.

[Z 3] Handbook of Optics. Hrsg. von W. G. Driscoll, W. Vaughan. McGraw Hill, New York 1978.

[Z 4] 10. IMECO-Symp. on Photon-Detectors. Hrsg. von J. Schanda. Technoinform, Budapest 1983.

[Z 5] H. Greif: Lichtelektrische Empfänger. Akademische Verlagsgesellschaft Geest & Portig, K.-G., Leipzig 1972.

[Z 6] K. Stahl: IR-Detektoren. Optik **27**, 11 (1968).

[Z 7] D. H. Seib, L. W. Aukerman: Photodetectors for the 0,1 to 1 μm Spectral Region. Adv. Electronics and Electr. Physics **34**, 95 (1973).

[Z 8] W. Hartmann, F. Bernhard: Fotovervielfacher und ihre Anwendung in der Kernphysik. Akademie-Verlag, Berlin 1957.

[Z 9] M. L. Meade: Instrumentation Aspects of Photon Counting Applied to Photometry. J. Phys. **E 14**, 909 (1981).

[Z 10] E. H. Putley: Far-IR Photoconductivity. phys. stat. sol. **6**, 571 (1964).

[Z 11] J. Auth, D. Genzow, K. H. Herrmann: Photoelektrische Erscheinungen. Akademie-Verlag, Berlin 1977.

[Z 12] T. G. Blaney: Radiation Detection at Submillimetre Wavelengths. J. Phys. **E 11**, 856 (1978).

[Z 13] K. Stahl, G. Miosga: Infrarottechnik. Dr. Alfred Hüthig Verlag, Heidelberg 1980.

[Z 14] L. Walther, D. Gerber: Infrarotmeßtechnik. VEB Verlag Technik, Berlin 1981.

[Z 15] R. K. Chang, M. B. Long: Optical Multichannel Detection. In: Light Scattering in Solids II. Hrsg. von M. Cardona, G. Guntherodt. Springer-Verlag, Berlin 1982.

[Z 16] J. A. R. Samson: Techniques of Vacuum Ultraviolet Spectroscopy. Wiley, New York 1967.

[Z 17] A. Vaško: Infra-Red Radiation. Iliffe Books, London 1968.

[Z 18] Photoacoustic Spectroscopy and Detection. Hrsg. von Y.-H. Pao. Academic Press, New York 1977.

[Z 19] G. A. West, J. J. Barrett, D. R. Siebert, K. V. Reddy: Photoacoustic Spectroscopy. Rev. Sci. Instrum. **54**, 797 (1983).

[Z 20] H. Haferkorn: Optik. VEB Dt. Verlag der Wissensch., Berlin 1980.

[Z 21] C. Hofmann: Die optische Abbildung. Akademische Verlagsgesellschaft Geest & Portig, K.-G., Leipzig 1980.

[Z 22] G. Schröder: Technische Optik. (3. Aufl.). Vogel-Verlag, Würzburg 1980.

[Z 23] M. Born, E. Wolf: Principles of Optics. Pergamon Press, London 1959.

[Z 24] H. Schröder, N. Neuroth: Optische Materialien für den UV- und IR-Spektralbereich. Optik **26**, 381 (1967).

[Z 25] Е. М. Воронкова, Б. Н. Гречушников, Г. И. Дистлер, И. П. Петров (E. M. Voronkova, B. N. Grečušnikov, G. I. Distler, I. P. Petrov): Оптические материалы для инфракрасной техники. Nauka, Moskau 1965.

[Z 26] I. W. Donald, P. W. McMillan: Review Infra-Red Transmitting Materials. J. Mater. Sci. **13**, 1151, 2301 (1978).

[Z 27] G. Geppert: Experimentelle Methoden der Molekülspektroskopie. Akademie-Verlag, Berlin 1964.

[Z 28] А. Н. Зайбель, Г. В. Островская, Ю. И. Островский (A. N. Zajdel', G. V. Ostrovskaja, Ju. I. Ostrovskij): Техника и практика спектроскопии. Nauka, Moskau 1976.

[Z 29] К. И. Тарасов (K. I. Tarasov): Спектральные приборы (2. Aufl.). Mašinostroenie, Leningrad 1977. Engl. Übers. Hilger, London 1974.

[Z 30] E. W. Palmer, M. C. Hutley, A. Franks, J. F. Verrill, B. Gale: Diffraction Gratings. Reports Prog. Phys. **38**, 975 (1975).

[Z 31] M. V. Murty: Theory and Principles of monochromators, spectrometers and spectrographs. Opt. Eng. **13**, 23 (1974).

[Z 32] H. Meyer, E. Seitz: Ultraviolette Strahlen. de Gruyter, Berlin 1942.

[Z 33] E. v. Angerer: Technische Kunstgriffe bei physikalischen Untersuchungen. 13. Aufl. Teubner, Leipzig 1964.

[Z 34] Ultraviolette Strahlen. Hrsg. von J. Kiefer. de Gruyter, Berlin 1977.

[Z 35] Methods of Experimental Physics. Hrsg. von L. Marton. Bd. 10: Physical Principles of Far-Infrared Radiation. Academic Press, New York 1972.

[Z 36] M. Harwit, J. A. Decker: Modulation Techniques in Spectrometry. In: Progress in Optics, Vol. 12. Hrsg. von E. Wolf. North Holland, New York 1974.

[Z 37] Spectrometric Techniques. Hrsg. von G. A. Vanasse. Vol. 1. Academic Press, New York 1973.

[Z 38] G. N. Ramachandran: Handbuch der Physik, Bd. XXV/1. Hrsg. von S. Flügge. Springer-Verlag, Berlin 1961.

[Z 39] W. A. Shurcliff: Polarized Light. Harvard University Press, Cambridge 1962.

[Z 40] N. D. Shewandrow: Die Polarisation des Lichtes. Akademie-Verlag, Berlin 1973.

[Z 41] M. W. P. Cann: Light Sources in the 0,15—20 μ Spectral Range. Appl. Opt. 8, 1645 (1969).

[Z 42] H. Albrecht: Optische Strahlungsquellen. Lexika-Verlag, Grafenau 1977.

[Z 43] C. Kunz: Synchrotron Radiation. Springer-Verlag, Berlin 1979.

[Z 44] A. P. Iwanow: Elektrische Lichtquellen. Gasentladungslampen. Akademie-Verlag, Berlin 1954.

[Z 45] Wissensspeicher Lasertechnik. Autorenkollektiv unter Federführung von W. Brunner, K. Junge. VEB Fachbuchverlag, Leipzig 1982.

[Z 46] J. Herrmann, B. Wilhelmi: Laser für ultrakurze Lichtimpulse. Akademie-Verlag, Berlin 1984.

[Z 47] W. S. Letochow: Laserspektroskopie, WTB, Bd. 165. Akademie-Verlag, Berlin 1977.

[Z 48] W. Demtröder: Grundlagen und Techniken der Laserspektroskopie. Springer-Verlag, Berlin 1977.

[Z 49] W. M. Yen, P. M. Selzer: Laser Spectroscopy of Solids. Springer-Verlag, Berlin 1981.

[Z 50] G. O. Müller: Stand und Trends der Experimentalmethodik in der Festkörperphysik. Akademie-Verlag, Berlin 1975.

[Z 51] G. Kortüm: Reflexionsspektroskopie. Springer-Verlag, Berlin 1969.

[Z 52] G. Wendlandt: Modern Aspects of Reflectance Spectroscopy. Plenum Press, New York 1968.

[Z 53] R. M. A. Azzam, N. M. Bashara: Ellipsometry and Polarized Light. North Holland, Amsterdam 1977. Russ. Übers. Mir, Moskau 1981.

[Z 54] Proc. Int. Conf. Ellipsometry and other Optical Methods for Surface and Thin Film Analysis. J. Phys. (France) **44**, Suppl. 12 (1983).

[Z 55] N. J. Harrick: Internal Reflection Spectroscopy. Interscience, New York 1967.

[Z 56] M. L. Meade: Advances in Lock-in Amplifiers. J. Phys. E **15**, 395 (1982).

[Z 57] Luminescence Spectroscopy. Hrsg. von D. Lumb. Academic Press, London 1978.

[Z 58] R. J. HURTUBISE: Solid Surface Luminescence Analysis. Dekker, New York 1981.

[Z 59] E. L. WEHRY: Modern Fluorescence Spectroscopy. Vol. 1–4. Plenum Press, New York 1981.

[Z 60] D. A. LONG: Raman-Spectroscopy. McGraw Hill, New York 1977

[Z 61] D. FRÖHLICH, M. SONDERGELD: Experimental Techniques of Two-Photon Spectroscopy. J. Phys. E 10, 761 (1977).

[Z 62] G. BAUER: Strahlungsmessung im optischen Spektralbereich. Vieweg, Braunschweig 1962.

[Z 63] M. CARDONA: Modulation Spectroscopy. Solid State Physics, Suppl. 11. Academic Press, New York 1969. Russ. Übers. Mir, Moskau 1971.

[Z 64] Optical Properties of Solids — New Developements. Hrsg. von B. O. SERAPHIN. North Holland, Amsterdam 1976.

[Z 65] Proc. Autumn School Modulation Spectroscopy. Hrsg. von R. ENDERLEIN. Humboldt-Univ./Akad. d. Wiss., Berlin 1977.

[Z 66] И. М. Дубровкин (I. M. Dubrovkin): Спектрометрия по методу регистрации произвобных. ЖПС 39, 885 (1983).

[Z 67] W. G. FASTOWSKI, J. W. PETROWSKI, A. E. ROWINSKI: Kryotechnik. Akademie-Verlag, Berlin 1970.

[Z 68] B. MEYER: Low Temperature Spectroscopy. Elsevier, New York 1971.

[Z 69] Tables of Wavenumbers for the Calibration of Infrared Spectrometers. Pergamon Press, Oxford 1977.

[Z 70] A. N. SAIDEL, W. K. PROKOFIEW, S. M. RAISKI: Spektraltabellen. VEB Verlag Technik, Berlin 1955.

9.2. *Originalarbeiten*

[1] F. E. JONES, J. Res. NBS 86, 27 (1981).

[2] G. LOSS, Optik 57, 223 (1980).

[3] R. C. JONES, Appl. Opt. 1, 607 (1962).

[4] S. G. BALLARD, Rev. Sci. Instrum. 54, 1473 (1983).

[5] M. KLENERT, Optik 57, 143 (1980).

[6] D. E. ASPNES, A. A. STUDNA, Rev. Sci. Instrum. 49, 291 (1978).

[7] W. LELLE, Exp. Techn. d. Phys. 18, 227 (1969).

[8] В. А. Сафонов, И. Г. Вайнер (V. A. SAFANOV, I. G. VAJNER), ПТЭ 22 (4), 259 (1978).

[9] W. KNIGHT, Y. KOHANZADEH, G. LENGUEL, Appl. Opt. 7, 1115 (1968).

[10] G. A. MORTON, Appl. Opt. 7, 1 (1968).

[11] R. FOORD, R. JONES, C. J. OLIVIER, F. R. PIKE, Appl. Opt. 8, 1975 (1969).

[12] V. J. KOESTER, R. M. DOWBEN, Rev. Sci. Instrum. 49, 1186 (1978).

[13] W. D. GUNTER, G. R. GRAUT, S. A. SHAW, Appl. Opt. 9, 251 (1970).

[14] J. B. OKE, R. E. SCHILD, Appl. Opt. 7, 617 (1968).

[15] C. I. Coleman, Rev. Sci. Instrum. **53**, 735 (1982).
[16] E. F. Zalewski, C. R. Duda, Appl. Opt. **22**, 2867 (1983).
[17] E. F. Zalewski, J. Geist, Appl. Opt. **19**, 1214 (1980).
[18] T. E. Ingerson, R. J. Kearney, R. L. Coulter, Appl. Opt. **22**, 2013 (1983).
[19] F. J. Low, Proc. SPIE **280**, 56 (1981).
[20] R. Watton, Phys. Technol. **11**, 62 (1980).
[21] M. M. Blouke, M. W. Cowens, Appl. Opt. **19**, 3318 (1980).
[22] U. Plauschin, K. D. Kramp, Feingerätetechnik **31**, 535 (1982).
[23] S. T. Liu, D. Ling, Proc. IEEE **66**, 14 (1978).
[24] G. Hofmann, N. Neumann, L. Walther, Feingerätetechnik **31**, 243 (1982).
[25] J. Geist, W. R. Blevin, Appl. Opt. **12**, 2532 (1973).
[26] C. Johnson, F. J. Low, A. W. Davidson, Opt. Eng. **19**, 255 (1980).
[27] K. Rose, IEEE Trans. ED-**27**, 118 (1980).
[28] D. B. Rutledge, S. E. Schwarz, A. T. Adams, Infrared Phys. **18**, 713 (1978).
[29] D. A. Weitz, W. J. Skocpol, M. Tinkham, Infrared Phys. **18**, 647 (1978).
[30] Y. H. Wong, R. L. Thomas, G. F. Hawkins, Appl. Phys. Letters **32**, 538 (1978).
[31] D. Bimberg, A. Bubenzer, Appl. Phys. Letters **38**, 803 (1981).
[32] J. B. Smith, G. A. Laguna, Phys. Letters **56** A, 223 (1976).
[33] M. A. Olmstead, N. M. Amer, S. Kolm, Appl. Phys. **A 32**, 141 (1983).
[34] A. C. Boccara, N. M. Amer, Opt. Lett. **5**, 377 (1980).
[35] P. E. Nordal, S. O. Kanstad, Physica Scripta **20**, 659 (1979).
[36] G. Schreiber, Optik **21**, 145 (1964).
[37] G. Hansen, Optik **6**, 337 (1950).
[38] H. Treptow, Exp. Techn. d. Phys. **10**, 256 (1962).
[39] B. V. Barlow, Contemp. Phys. **18**, 23 (1977).
[40] W. Benesch, J. Strong, J. Opt. Soc. Amer. **41**, 252 (1951).
[41] A. Sonnefeld, Central-Ztg. Opt. u. Mech. **43**, 442 (1922).
[42] B. Stark, K.-H. Degen, Feingerätetechnik **30**, 291 (1981).
[43] W. Riedel, J. Tilgner, Feingerätetechnik **30**, 464 (1981).
[44] W. Reichel, Exp. Techn. d. Phys. **13**, 395 (1965).
[45] H. Dislich, A. Jacobsen, Angew. Chem. **85**, 468 (1973).
[46] A. G. Cullis, H. C. Weber, P. Bailey, J. Phys. **E 12**, 688 (1979).
[47] A. Pluchino, K. D. Möller, Appl. Opt. **10**, 1694 (1971).
[48] A. L. Dawar, J. C. Joshi, J. Mater. Sci. **19**, 1 (1984).
[49] M. H. Proffitt, L. Frommhold, Rev. Sci. Instrum. **50**, 666 (1979).
[50] I. Landa, Appl. Spectrosc. **33**, 105 (1979).
[51] В. Г. Воробьев, М. А. Круглякова, Г. П. Семева (V. G. Vorob'ev, M. A. Krugljakova, G. P. Semeva), Опт. мех. пром. **46** (10), 42, **46** (11), 48 (1979).
[52] F. Fuchs, Z. Instrumentenkunde **1**, 349 (1881).
[53] M. Sidran, Appl. Opt. **16**, 2791 (1977).

[54] D. E. BURCH, Appl. Opt. **8**, 649 (1969).
[55] J. FELLMANN, P. LINDBLOM, Appl. Opt. **16**, 1085 (1977).
[56] W. PILZ, Laser Applications **3**, 46 (1983).
[57] A. TAKAHASHI, T. KATAYAMA, J. Opt. Soc. Amer. **64**, 1037 (1978).
[58] R. BITTNER, Optik **64**, 185 (1983).
[59] R. L. CHRISTENSEN, R. J. POTTER, Appl. Opt. **2**, 1049 (1963).
[60] W. CARIUS, H. DIMSAT, O. SCHRÖTER, Exp. Techn. d. Phys. **26**, 492 (1978).
[61] D. LANDON, S. P. S. PORTO, Appl. Opt. **4**, 762 (1965).
[62] A. WALSH, J. Opt. Soc. Amer. **42**, 94 (1952).
[63] H. V. HAMMOND, W. C. PRICE, J. Opt. Soc. Amer. **43**, 924 (1953).
[64] Katalog Optisches Filterglas, VEB Jenaer Glaswerk (1980).
[65] H. DISLICH, K. H. WIESNER, Optik **30**, 340 (1970).
[66] W. R. HUNTER, D. W. ANGEL, R. TOUSEY, Appl. Opt. **4**, 891 (1965).
[67] G. E. DEVLIN, J. L. DAVIS, L. CHEN, S. GESCHWIND, Appl. Phys. Letters **19**, 138 (1971).
[68] P. A. FLEURY, J. P. BOON, Adv. Chem. Phys. **24**, 1 (1973).
[69] H. RÖTGER, Exp. Techn. d. Phys. **3**, (Sonderheft) 88 (1955).
[70] G. D. HOLAH, N. MORRISON, J. Opt. Soc. Amer. **67**, 971 (1977).
[71] Y. ÖHMANN, Die Sterne **18**, 265 (1938).
[72] J. W. EVANS, J. Opt. Soc. Amer. **48**, 142 (1958).
[73] P. YEH, Appl. Opt. **21**, 2069 (1982).
[74] P. YEH, Opt. Commun. **37**, 153 (1981).
[75] Y. TALMI, D. C. BAKER, J. R. JADAMEC, W. A. SANER, Anal. Chem. **50**, 936 **A** (1978).
[76] Geräte-Information OVA 181. Berlin-Adlershof: Zentrum für wiss. Gerätebau, 1982.
[77] F. LIHL, A. STOFFEL, K. STRNAT, Acta phys. Austr. **25**, 155, 193 (1967).
[78] M. JOHNSON, Appl. Opt. **20**, 2075 (1981).
[79] I. Z. STEINBERG, A. GAFNI, Rev. Sci. Instrum. **43**, 409 (1972).
[80] R. C. JONES, J. Opt. Soc. Amer. **46**, 528 (1956).
[81] B. J. HOWELL, Appl. Opt. **18**, 809 (1979).
[82] R. T. BAUMEL, S. E. SCHNATTERLY, J. Opt. Soc. Amer. **61**, 832 (1971).
[83] S. TAKAHASHI, J. Opt. Soc. Amer. **51**, 441 (1961).
[84] V. G. HORTON, E. T. ARAKAWA, R. N. HAMM, M. W. WILLIAMS, Appl. Opt. **8**, 667 (1969).
[85] H. A. VAN HOOF, Appl. Opt. **19**, 189 (1980).
[86] J. H. HERTZ, Exp. Techn. d. Phys. **7**, 777 (1959).
[87] R. G. GREENLER, K. W. ADOLPH, G. H. EMMONS, Appl. Opt. **5**, 1468 (1966).
[88] N. P. MURARKA, K. WILNER, Appl. Opt. **20**, 3275 (1981).
[89] D. F. HEATH, Appl. Opt. **7**, 455 (1968).
[90] J. A. DOMBROWSKI, A. WALDORF, Appl. Opt. **20**, 111 (1981).
[91] В. В. Веремей, В. Н. Рожбественкий, А. Б. Хазаков (V. V. VEREMEJ, V. N. ROŽDESTVENSKIJ, A. B. CHAZAKOV), Опт. мех. пром. **48** (10), 43 (1981).

[92] H. Gülzow, Exp. Techn. d. Phys. **13**, 319 (1965).
[93] H. Schröder, Optik **13**, 169 (1956).
[94] В. А. Согласнова, Г. Б. Шоломицкий, В. Д. Громов (V. A. Soglasnova, G. B. Šolomickij, V. D. Gromov), Опт. мех. пром. **45** (1), 75 (1978).
[95] S. Chu, R. Conti, P. Bucksbaum, E. Commios, Appl. Opt. **18**, 1138 (1979).
[96] W. C. Davies, Appl. Opt. **20**, 2879 (1981).
[97] A. M. Title, Appl. Opt. **14**, 229, 445 (1975).
[98] J. F. Owen, Appl. Opt. **12**, 899 (1973).
[99] A. E. Oxley, Phil. Mag. **21**, 517 (1911).
[100] P. B. Clapham, M. J. Downs, R. J. King, Appl. Opt. **8**, 1965 (1969).
[101] J. M. Bennett, Appl. Opt. **9**, 2123 (1970).
[102] T. McIllrath, J. Opt. Soc. Amer. **58**, 506 (1968).
[103] H. Schaber, R. E. Doezema, Infrared Phys. **18**, 247 (1978).
[104] L. H. Johnston, Appl. Opt. **16**, 1082 (1977).
[105] Е. П. Чекмарев, Н. П. Кукик, Е. К. Галанов (E. P. Čekmarev, N. P. Kubik, E. K. Galanov), Опт. мех. пром. **46** (12). 45 (1979).
[106] J. C. Canit, J. Badoz, Appl. Opt. **22**, 592 (1983).
[107] B. Koeman, H. Janeschitz-Kriegl, J. Phys. **E 12**, 625 (1979).
[108] J. C. Kemp, J. Opt. Soc. Amer. **59**, 950 (1969).
[109] F. Grum, L. F. Costa, Appl. Opt. **13**, 2228 (1974).
[110] O. Sandus, Appl. Opt. **4**, 1634 (1965).
[111] R. K. Kostuk, Appl. Opt. **19**, 2274 (1980).
[112] E. Küpper, B. Groner, R. Klettke, Optik **59**, 147 (1981).
[113] W. Hanle, Z. Instrumentenkunde **51**, 488 (1931).
[114] H. Yersin, G. Gliemann, messtechnik **4**, 99 (1972).
[115] E. Schmidt, K. Vedam, Opt. Acta **18**, 713 (1971).
[116] J. A. Topp, W. J. Schmid, Rev. Sci. Instrum. **42**, 1683 (1971).
[117] H. Sobotta, V. Riede, Exp. Techn. d. Phys. **29**, 157 (1981).
[118] K. Günther, R. Radtke, J. Phys. **E 8**, 371 (1975).
[119] D. H. Nettleton, R. C. Preston, Appl. Opt. **20**, 1274 (1981).
[120] F. J. Studer, R. F. Van Beers, J. Opt. Soc. Amer. **54**, 945 (1964).
[121] J. Bergner, H. Müller, H. W. Vogel, Feingerätetechnik **26**, 25 (1977).
[122] W. Y. Ramsey, J. C. Alishouse, Infrared Phys. **8**, 143 (1968).
[123] K. I. Luft, Angew. Chem. **B 19**, 2 (1947).
[124] L. Genzel, H. Neuroth, Z. Phys. **134**, 127 (1953).
[125] M. B. Hall, R. G. Nester, J. Opt. Soc. Amer. **42**, 257 (1952).
[126] C. S. Rupert, J. Opt. Soc. Amer. **42**, 684 (1952).
[127] R. G. Newburgh, L. Heroux, H. E. Hinteregger, Appl. Opt. **1**, 733 (1962).
[128] E. Hoffmann, C. Lüdke, H. Falk, Exp. Techn. d. Phys. **27**, 245 (1979).
[129] G. Schönhense, U. Heinzmann, J. Phys. **E 16**, 74 (1983).
[130] T. V. Vorburger, B. J. Waclawski, D. R. Sandstrom, Rev. Sci. Instrum. **47**, 501 (1976).

[131] C. F. Bauer, R. K. Skogerboe, Spectrochim. Acta **B 38**, 1125 (1983).
[132] F. J. Mayer, G. E. Bush, C. M. Kinzer, Phys. Rev. Letters **44**, 1498 (1980).
[133] R. E. Beverly, Progress in Optics **16**, 357 (1978).
[134] R. H. Müller, Surf. Sci. **16**, 14 (1969).
[135] A. I. Mahan, C. V. Bitterli, Appl. Opt. **17**, 509 (1978).
[136] T. Hirschfeld, Appl. Spectrosc. **31**, 289 (1977).
[137] H. Yersin, G. Gliemann, messtechnik, **4**, 99 (1972).
[138] L. F. Mollenhauer, D. H. Olsen, Rev. Sci. Instrum. **46**, 677 (1975).
[139] B. Batz, J. Phys. **E 9**, 76 (1976).
[140] J. Rolfe, H. J. Labbe, Appl. Opt. **19**, 1937 (1980).
[141] D. N. Mitchell, R. P. Wayne, J. Phys. **E 13**, 494 (1980).
[142] J. Schneider, G. Haase, M. Schlesinger, Optik **65**, 327 (1983).
[143] M. Gal, K. Nemeth, G. Eppeldauer, J. Phys. **E 9**, 484 (1976).
[144] W. G. Spitzer, M. Tannenbaum, J. Appl. Phys. **32**, 744 (1961).
[145] J. N. Zemel, J. D. Jensen, R. B. Schoolar, Phys. Rev. **140 A**, 330 (1965).
[146] N. J. Harrick, Appl. Spectrosc. **31**, 548 (1977).
[147] H. G. Krüger, H. Volkmann, Z. Physik **173**, 78 (1963).
[148] C. Freitag, Opt. Acta. **19**, 29 (1972).
[149] И. Г. Бронштейн, В. Т. Прокопенко, В. С. Рондарев, А. Д. Яськов (I. G. Bronštejn, V. T. Prokopenko, V. S. Rondarev, A. D. Jas'kov), ПТЭ **22** (1), 230 (1978).
[150] B. Wiedemann, P. Mühlig, Exp. Techn. d. Phys. **27**, 127 (1979).
[151] H. Wolter, Handbuch der Physik, Band XXIV, 461 (1956).
[152] D. M. Jackson, J. R. Powell, J. Phys. **E 16**, 1153 (1983).
[153] D. A. Wayne, N. G. Dillman, Appl. Opt. **8**, 603 (1969).
[154] D. C. Look, J. W. Farmer, Rev. Sci. Instrum. **51**, 968 (1980).
[155] F. J. Busselle, N. D. Haig, C. Lewis, Chem. Phys. Letters **72**, 533 (1980).
[156] M. J. Pelletier, J. M. Harris, Rev. Sci. Instrum. **54**, 1467 (1983).
[157] F. A. Modine, Rev. Sci. Instrum. **50**, 386 (1979).
[158] R. Stearns, J. Steele, R. Braunstein, Rev. Sci. Instrum. **54**, 984 (1983).
[159] J. H. Meyling, W. H. Hesselink, J. Phys. **E 10**, 438 (1977).
[160] M. J. Potasek, K. Beeson, Rev. Sci. Instrum. **52**, 1301 (1981).
[161] А. Х. Рожко, В. В. Сергиенко, А. Г. Умуль (A. Ch. Rožko, V. V. Sergienko, A. G. Umul'), ПТЭ **21** (5), 169 (1977).
[162] J. Verdebout, B. Batz, J. Phys. **E 15**, 355 (1982).
[163] Zentrum für wissenschaftlichen Gerätebau, 1199 Berlin-Adlershof: Baukastensystem für optische Laboraufbauten, Firmenschrift (1982).
[164] P. Lorrain, Rev. Sci. Instrum. **50**, 664 (1979).
[165] L. Wolf, Feingerätetechnik **28**, 175 (1979).
[166] T. S. Herman, S. R. Harwey, Appl. Spectrosc. **23**, 473 (1969).
[167] G. Klipping, W. D. Schönherr, W. Schulze, Cyrogenics **10**, 501 (1970).

[168] W. Ulrici, A. Langmach, D. Markert, Exp. Techn. Phys. **25**, 165 (1977).
[169] K. H. Yoo, A. C. Anderson, Cryogenics **23**, 531 (1983).
[170] E. Beckmann, R. Rass, Cryogenics **11**, 147 (1971).
[171] J. L. Mack, G. B. Wilmot, Rev. Sci. Instrum. **36**, 1265 (1965).
[172] S. Penttilä, M. Krusins, Cryogenics **22**, 181 (1982).
[173] H. B. Tinker, D. E. Morris, Rev. Sci. Instrum. **43**, 1024 (1972).
[174] R. N. Jones, A. Nadeau, Spectrochim. Acta **20**, 1175 (1964).
[175] M. Schubert, Exp. Techn. d. Phys. **6**, 203 (1958).
[176] A. G. Reule, J. Res. NBS **80 A**, 609 (1976).
[177] A. Reule, Appl. Opt. **7**, 1023 (1968).

Quellen

Mit freundlicher Genehmigung der Autoren und Verlage wurden übernommen:

Abb. 2.5 aus [Z 6], auszugsweise,
Abb. 2.9 aus [Z 6], auszugsweise,
Abb. 4.14 aus [64],
Abb. 7.2 aus [143],
Tab. 8.3 aus [Z 70].

10. Sachverzeichnis

EBERHARD JÄGER/ROLF PERTHEL

Magnetische Eigenschaften von Festkörpern

(Wissenschaftliche Taschenbücher,
Reihe Mathematik/Physik)

*1983. 139 Seiten — 53 Abbildungen — 9 Tabellen —
12,5 cm × 20 cm — DDR 12,50 M; Ausland 12,50 DM
Bestell-Nr. 7630464 (7282)*

Die Autoren behandeln zunächst im Anschluß an eine Einführung der wichtigsten magnetischen Grundgrößen (im SI-System) die dia- und paramagnetischen Eigenschaften von Festkörpern anhand einfacher Modelle. Sie bringen die Betrachtung des Ferro-, Antiferro- und Ferrimagnetismus im Rahmen der Molekularfeldtheorie, erklären die mikroskopischen Ursachen der Molekularfeldtheorie mit Hilfe der Austauschwechselwirkung und gehen ein auf die Spinwellen, auf die Bändertheorie des Magnetismus, auf magnetische Anisotropien, Magnetostriktion, die magnetischen Bereiche, das dynamische Verhalten sowie auf magnetische Werkstoffe.

*Ihr Buchhändler
hält alle Wissenschaftlichen Taschenbücher für Sie bereit!*

THEORIA CUM PRAXI

AKADEMIE-VERLAG · BERLIN

ISSN 0084-098X

Der Autor

- wendet sich an Experimentatoren mit spektroskopischem Interessengebiet
- behandelt die Grundlagen der experimentellen Technik der Spektroskopie im optischen Spektralbereich, ihren gegenwärtigen Stand und ihre physikalischen Grenzen
- orientiert sich dabei an den Erfordernissen für den Einsatz spektroskopischer Methoden in der Festkörperphysik
- beschreibt im einzelnen Empfänger, Spektralapparate und Strahlungsquellen für spektroskopische Meßanordnungen
- gibt Beispiele für den Umgang mit optischen Bauelementen für die Strahlungsübertragung und zur Polarisation
- teilt experimentelle Erfahrungen und Improvisationsmöglichkeiten mit und macht auf Fehlerquellen aufmerksam

WISSENSCHAFTLICHE TASCHENBÜCHER

MIX
Papier | Fördert gute Waldnutzung
FSC® C083411

Zeitfracht Medien GmbH
Ferdinand-Jühlke-Straße 7
99095 Erfurt, Deutschland
produktsicherheit@kolibri360.de